所有的付出，
都会以另一种方式回报

毅冰 ◎ 著

你 对 职 场 的 认 知 ， 或 许 大 多 是 错 的！

内 容 提 要

为什么能力不如你的人，会找到更好的工作？为什么你努力坚持的背后，依然充满失落和无奈？为什么你拼命加班工作，收入却不如摸鱼的朋友？为什么你对客户尽心尽力，却得不到同等的回馈？

人生到一定阶段，就要逐渐探寻自己的内心。有些人注定渐行渐远，有些事注定漂泊而过。凡是过往，皆为序章。内心光明，你的未来便不会黑暗。

职场中的你，或许就是你潜意识的映射。现实逼着你成长，让你看到自己的无限可能。勇敢向前，细思慢想，别让梦想走太远。

这本书凝聚了作者对十多年海内外职场种种经历的感悟，值得一读。

图书在版编目(CIP)数据

所有的付出，都会以另一种方式回报 / 毅冰著.—北京：北京大学出版社，2021.3
ISBN 978-7-301-31930-7

Ⅰ.①所… Ⅱ.①毅… Ⅲ.①成功心理－通俗读物 Ⅳ.①B848.4-49

中国版本图书馆CIP数据核字(2021)第001624号

书　　　名	所有的付出，都会以另一种方式回报 SUOYOU DE FUCHU, DOU HUI YI LING YI ZHONG FANGSHI HUIBAO
著作责任者	毅　冰　著
责任编辑	张云静
标准书号	ISBN 978-7-301-31930-7
出版发行	北京大学出版社
地　　　址	北京市海淀区成府路205号　100871
网　　　址	http://www.pup.cn　新浪微博：@北京大学出版社
电子信箱	pup7@pup.cn
电　　　话	邮购部 010-62752015　发行部 010-62750672　编辑部 010-62570390
印　刷　者	三河市北燕印装有限公司
经　销　者	新华书店
	787毫米×1092毫米　32开本　7.25印张　168千字 2021年3月第1版　2023年5月第3次印刷
印　　　数	10001-12000册
定　　　价	39.00元

未经许可，不得以任何方式复制或抄袭本书之部分或全部内容。
版权所有，侵权必究
举报电话：010-62752024　电子信箱：fd@pup.pku.edu.cn
图书如有印装质量问题，请与出版部联系，电话：010-62756370

谨以此书献给我的妻子和女儿。

是你们的支持和付出，
让我有更多时间投身于我喜爱的创作。

自序

人生如逆旅，我亦是行人

恍恍惚惚，发现自己已到了奔四的年纪，这些年我做了些什么呢？

仔细想想，没有"要斩楼兰三尺剑"的豪迈，没有"十年一觉扬州梦"的旖旎，只有在前进路上的跌跌撞撞，在迷雾中不断探寻方向和出口。

起点不高，资源不足，能力不够，运气不佳，迷迷糊糊过了很多年后才蓦然惊觉，这是我想要的日子吗？我真的要这样一日一日看不到头地重复，然后追悔和抱怨吗？还是说，在某一天发现，往事不可追，一切都是命中注定，然后再找个借口继续坦然生活在井底？

不，我不甘心！我不想在35岁之后还抱着简历坐着公交车前往面试地点；我也不想随着年龄渐长而失去职场优势，被年轻的同事鄙视，被上司冷眼嘲讽。

有句话叫"人在江湖飘，哪能不挨刀"，还有句话叫"可怜之人必有可恨之处，可恨之人必有可悲之苦"。

职场失意,人生迷茫,其实怪不得别人。不要说什么大环境不好、世道不佳,因为大环境也好,世道也罢,对每个人都是公平的。你做不到便怨天尤人,这样解决不了任何问题。

艰难困苦,玉汝于成。每个人都有自己的困难,都有不为人知的艰辛,没有任何人的成功是唾手可得的。你以为别人轻而易举便得到了自己想要,那是因为你根本没看到他们背后的故事。

我曾一度特别消沉,做啥啥不行,怎么努力都无济于事,一个个机会与我擦肩而过。看着别人在职场中如鱼得水,我觉得十分魔幻,为什么很多能力不如我的人会过得比我好呢?为什么我已经拼尽全力,却还是如此绝望呢?

后来我慢慢明白,不是"努力"这件事情错了,而是我对于很多问题的认知,从根本上就错了。

我过于理想化自己的努力,但是忽略了其他的很多东西,如机会的寻找、情商的锤炼、心态的调整、学习的方法、时间的管理、行业的选择、深层的思考、风险的对冲、善良的边界、情绪的控制……

这些东西在学校里是学不到的,没有教科书系统化地告诉你在职场中该如何生存,如何跟人打交道,而恰恰是这些东西构成了一个完整的你。

有些事情,一旦说穿,也许你就会恍然大悟:原来就是这样,原来事情如此简单!

是的,非常简单。人生的一切问题化繁为简后,无非那几个原则、那几个道理、那几个词汇。

可如果你在门外,你的认知就会与此大相径庭,好多年都难以略窥门径,这才是真正可怕的事情。有朝一日你摸索明白了,可时光也早已过去,这时候你只能感慨青春不再,一切难以重来。

年少轻狂,如白驹过隙,越过山丘,却发现已然白了头。时间去了哪里?醇酒、美人、策马江湖,那是梦中的天涯。而许多事情还没开始,自己还没准备好,就已经结束,告别时连声招呼都不跟你打,你就已经出局。

残酷吗?现实吗?答案是肯定的,但职场不会因为你的软弱而给你特别的照顾和优待。你只能接受,只能在游戏规则内跟别人同场竞技。

这本书写的就是一些你知道的和不知道的规则,你想知道但没人告诉你的内情,以及一些你不知道但别人知道的秘诀。还有一些你已然知道,但依然能触动你心弦、令你产生共鸣的故事。

活成自己喜欢的样子,不要在若干年后抱怨、追悔和遗憾,这或许是我们大家共同的理想。

愿你眼中有星辰,心中有山海,胸中有沟壑,手中有刀剑,把所有的过去都散于风轻云淡,把所有的未来都聚于铁马冰河。知道自己该做什么,也明白自己要放弃什么。

夫天地者,万物之逆旅;光阴者,百代之过客。而浮生若梦,为欢几何?

人生本就是逆旅,你我皆是行人。

我只希望，多年后回望过去，你依然可以保持乐观和童真，笑对职场和人生的种种艰难。

举手投足间，都是淡定。

眼角眉梢间，俱是自信。

毅冰

于杭州

目录
CONTENTS

Chapter
01. 世味年来薄似纱

014/ 商业社会的第一课

024/ 一线城市漂泊多年，该回老家吗？

031/ 理想与现实的隔海相望

036/ 不靠谱的生意伙伴要趁早远离

041/ 商场上的善良要有边界

Chapter
02. 而今才道当时错

047/ 你输在拥有太多，而不是一无所有

052/ 过度努力也是一种病

056/ 固执背后是认知的不足

062/ 不是别人挑剔，而是立场不同

066/ 职场上坚决不能做的一件事

Chapter 03. 奔流到海不复回

073/ 人生没有延迟满足

077/ 有一种累叫倦怠

080/ 为什么你总跟机会擦肩而过？

085/ 有些事情做了便回不了头

087/ 三个"后悔没有早知道"的人生建议

Chapter 04. 会挽雕弓如满月

095/ 提高时间利用率的原则

099/ 如何做好时间管理？

102/ 世道不好不是你弱的借口

106/ 不懂舍弃如何对冲风险

113/ 不要高估对手，也不要低估自己

Chapter 05. 无端却被秋风误

119/ 为什么比你"差"的人混得比你好

129/ 惹人反感的真实原因

135/ 你的好意也要适度

140/ 如今还适合做外贸吗？

144/ 圈层逆袭是一个人的打怪升级

Chapter 06. 将登太行雪满山

150/ 选择行业时可以从三个维度比较

156/ 错了不可怕，可怕的是不认错

163/ 持续低效率的魔咒怎么破？

167/ 关于天赋，你是有误解吧

170/ 别用业余挑战别人的饭碗

Chapter
07. 回首烟波十四桥

176/ 情绪控制是职场必修课

180/ 小心你的朋友圈

185/ 借口多了，人就废了

189/ 你不是佛系青年，你是懒

195/ 当聪明人遇到困境

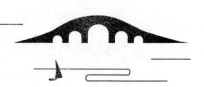

Chapter
08. 摘得星辰满袖行

201/ 金子原是不会发光的

207/ 走捷径的人理解不了时间复利

213/ 一切皆有可能

215/ 放狠话往往是低情商的表现

221/ 深入剖析"三思而后行"

224/ 跟"职场巨婴"说再见

229/ 因为克制而迷人

世味年来薄似纱

出自 / 陆游
《临安春雨初霁》

Chapter
01

商业社会的第一课

一

有朋友问我,如果给所有外贸人讲一课,只有一课内容,你会讲什么?是销售技巧、营销定位、品牌策划、渠道为王、谈判策略,还是众多学员追捧的 Mail Group(邮件群)开发思维?

我认真想了想,摇了摇头。这些都是商业技能方面的东西,能教你做事,但不能教你做人。通俗地说,在商业社会中,对于外贸人,对于所有商业人士而言,最根本和最稀缺的东西,在我看来,是一开始就要树立正确的"三观"。

我们首先要懂得商业社会的规则,知道如何堂堂正正工作,正正当当赚钱,还要将这些规则贯穿职业生涯的始终。

若给所有人讲一课内容,我会讲 Business Conduct & Ethics(商业行为与道德)。因为这是所有商业课程的基础,也是每个人进入商场必须学习的内容。

上过欧美国家主流商学院 MBA 课程的朋友应该知道,这门课是必修课,是必须学习也是必须通过的。一个人能力再强,若没有商业道德的约束,那么这个人对其他人,乃至对整个商业社会的危害,将是难以想象的。

我们可以设想一下,如果我们身边的某个朋友,一边在公司上班,一边自己创业,利用公司的资源做自己的私帮生意。有客户询盘,他以公司业务员的名义报高价，胡乱应付，然后换个邮箱和名字，以自己公司的名义报低价，"专业、高效"，赚了不少钱。对于这种行为，我们会怎么想？

一方面，我们或许会不齿对方的行为，觉得用这种手段中饱私囊过于低劣，生意也不可能长久。另一方面，我们或许会暗暗羡慕和嫉妒别人的脑子好用，羡慕别人能够迅速积累财富，年纪轻轻就买了房，甚至还计划逐步过渡到全职创业。

这个时候，如果这个朋友给我们传授他的"心得技巧"，教我们如何利用公司的资源开发自己的客户，如何不投入就得到产出，包括如何注册离岸公司，如何运营和处理财务问题，如何让客户对公司失望转而信任自己，如何通过各种不正当手法迅速赚到第一桶金……那么我们该怎么做呢？那个"邪恶"的我们会不会打败"正义"的我们，从而选择朋友的这条路？我只能说，完全有这种可能性。

这就是为什么我们一直强调商业道德的重要性的原因。遵守商业道德，其重要意义不在于别人怎么说，而在于每个人心里要有一杆秤，知道哪些事情可以做，哪些事情绝对不能做；知道红线在哪里，如何不踩线。

二

前段时间我从一个朋友那里得知，她手下的一个业务经理居然在她眼皮底下偷偷"飞单"，吃里爬外、中饱私囊。

偶然得知这件事情后，她既伤心难过，又自我怀疑。伤心难过，是因为这件事给公司带来了很大的损失，公司的利益被层层盘剥，资源被蛀虫偷走，很多应该拿下的客户都被这位业务经理偷偷"截胡"；自我怀疑，是因为她给了这位业务经理很大的支持和权限,给了他全公司最高的薪水,所有的提成都按时支付,从无克扣,而这位业务经理却这样回报她。

她一度找我抱怨,说人心难测,实在让人过于心寒。她以诚待人,每年这位业务经理的薪水超过七十万元,而且在业务开发这方面,要钱给钱,要人给人,要展会给展会,要助理配助理,她实在想不通,自己究竟哪里做错了,为什么下属还是不满意,要做这种卑劣的事情。想创业可以理解,大方地辞职就好,她绝对会祝福,为什么要在背后捅刀子?

我给她的答案是,这不是她的问题,她没有错。她信任手下,在工作中给予手下最大的支持,这是正确的,没有必要自我怀疑。但我想补充的是,这个世界上终究会有一些人,思想偏执,行为偏激,容易被带动,也容易被煽动。

她的业务经理我认识,她是我的学员,是一个非常好强、能力也相当不错的女生,工作很用心,也很能吃苦。这件事情发生后,我一开始觉得相当意外,但转念一想,发生这样的事情并不奇怪。如果一个人能力不错,又特别好学、十分勤奋,却没有正确的"三观"指引,难免会心高气傲,产生攀比心。

×××能力不如我,收入居然比我高;

×××才一年多工作经验,居然已经开始创业了;

×××做外贸不到两年,就赚到了首付款,买了房。

身边一个个活生生的案例,会给她很大的触动,让她怀疑自己踏实工作有没有价值。这个时候若是有一些杂音不断地在她耳边聒噪,让她觉得自己付出多了，收入少了；让她觉得有权在手，可以利用一下，谋一些私利，那么她就有可能在错误的路上越走越偏、越跑越远，直到回不了头。

三

我写这篇文字，就是想说说我对于商业道德的理解。我真心不想看到一些能力还不错的销售人员或采购人员，为了蝇头小利，做一些违反诚信、违反职业操守的事情。

还是那句话，要在一个行业里做得好、走得远，就必须珍惜羽毛，必须有专业素养，有职业道德。否则只要做错一次，有了道德上的污点，这个污点将伴随你一辈子，甚至让你在未来经历无数次反噬。

你所处的圈子，说大也大，说小也小。任何的风吹草动，都有可能吹到别人的耳朵里去。不要觉得自己够聪明，而别人都是傻子；不要存侥幸心理，觉得自己小心谨慎不会被人发现。如果今天你做了违反商业道德的事情，侵犯了公司的利益，明天公司搜集证据把你送进监狱，你还会做吗？

过去这些年，很多企业的老板觉得打官司过于麻烦，会选择息事宁人。发现员工私底下飞单或者侵犯了公司利益，大不了与员工解除劳动合同，眼不见为净；或者考虑到过去多年的合作，不忍心下狠手，选择好聚好散，就放了他们一马。

殊不知，这种纵容不仅不会让犯错的人警醒，还会让他们以为自己做的是对的。他们甚至会拿"第一桶金都是罪恶的"这种话作为挡箭牌，为自己违反职业操守的行为开脱。我只能说，这样的人整个价值观都是有问题的，他们是能赚一点钱，谋一些利，但格局这么小，是不可能有大成就的。

四

有些人也许会说:"在这个行业里,很多客户、很多资源、很多询盘都是有冲突的,难道我不做事了吗?就算我在公司里不飞单,不私底下抢客户,那我辞职以后呢?如果我自己创业了,难道过去的客户我都不能碰吗?如果老公司跟美国几乎所有的大零售商都有合作,难道我全要避嫌,彻底放弃美国市场?"

别急,这两者其实是可以做精确区分的,这条红线就是你不能利用过去在老东家获取的资源,去侵害老东家的利益。

接下来我用案例来更准确地解释一下。

假设你之前任职的公司是做家具的贸易公司,给美国零售商 Ashley Furniture 提供了一套户外家具。你知道下单的工厂,知道客户的品质要求和所有流程,知道成交价是 350 美元,也知道产品在美国的零售价是 1199 美元,甚至知道配件和辅料的供应商,包括客户的买手和办事处人员的联系方式。这一切都得益于你过去是这家贸易公司的员工,甚至这个项目就是你经手的。

假如你离开了公司后又去联系客户的买手,告诉对方,你自己创业了(或者你跟朋友合伙创业),让买手从你这里下单,你给的报价是 320 美元,其他一切照旧。

这种情况就属于利用了老东家的资源,侵犯了老东家的利益,踩了红线,是违反职业操守的。

有些人更过分,一边在公司工作,一边私底下偷偷创业(属于半创业状态),利用公司的展会和网络平台获取询盘,然后私底下进行回复和开发客户。

比如，对于前文提到的产品，以任职公司的名义，故意给客户涨价到380美元，然后再以自己创业公司的名义，偷偷报价320美元，通过价格差来骗取订单，这属于严重违反职业操守的行为。

那怎么做才是合理、合情、合法的呢？比如，你离开老东家后，可以联系客户，告知对方，你离职了，现在去了哪里，有什么想法和安排。如果没有同业禁止协议，那么你继续从事与老东家业务相关的工作也是可以的，这是你的自由。你可以跟客户提议，将来有什么其他项目，可以给你一些机会，这才属于没有侵害老东家的利益。

别人已经合作的项目，你知道内情，知道价格，知道底细，这时候插一手是不合适的。但是新项目、新产品，不知道老东家的报价和底细，大家公平竞争，这很正常，也很自然。

五

在商业社会，道德和诚信才是最宝贵的财富，才是一个人的核心价值所在。有些朋友会为自己赚了钱、走了捷径而沾沾自喜，殊不知，这些都是小道，是见不了大场面的。

你今天坑了现任老板，给自己谋私利，明天也许会坑新老板、新合伙人、新客户、新供应商。

不要说你不会这样做，一旦有了污点，别人是不会相信你的。如果一个很出色的业务员跟我讲："毅冰，我想来你这边工作。我手里有好几个老客户，我也知道他们过去的成交价格，只要你给我50%的提成，你什么都不用管，我有把握把他们一个个拿下。"对于这种员工，我是绝对不敢用的。

从表面上看,这是好事情,他可以带着老客户来我公司,我可以跟他分账,不用付出太多就有收益。但是他今天可以撬走老东家的客户,明天就有可能撬走我的客户,带着我的资源投奔其他公司。

用人,首重人品。能力一般不是大问题,可以慢慢培养。可要是人品出了问题,就只能敬而远之。

德才兼备固然最佳,可若是在"有德无才"和"无德有才"间衡量,我一定选择前者。

所有企业需要的都是踏踏实实工作的人,而不是一颗随时会引爆的定时炸弹。

六

除前述情况,还有一种情况,就是兼职。此时该如何界定兼职的工作是否与任职公司的利益存在冲突呢?

如今流行斜杠青年,我在贸易公司上班,这是我的主业,但是没有人可以干涉我去做一份兼职。这算不算违反职业操守呢?

其实回答这个问题同样很简单,就是衡量兼职跟主业会不会产生利益冲突。

譬如你主业做外贸,兼职也做外贸,但是产品不同,一个是家具,一个是工具,副业不会影响你白天的正常工作,不会影响你在公司的表现,你对得起老板给你的薪水,此时兼职自然是你的自由。

就如我自己,我在外企工作多年,但是我也利用我的私人时间写我的外贸类书,这些书甚至一度成为畅销书,但这其中副业跟主业并没有利益冲突。

我从不反对小伙伴们成为"斜杠青年",也不反对大家利用兼职时间赚一些外快。但是要谨记,副业千万不可以跟主业产生利益冲突,也不能占用和浪费主业的工作时间,否则对于发给你薪水、为你每天 8 小时工作时间买单的老板,是不公平的。

七

关于利益冲突的问题,我再补充一点:当我们碰到"也许有利益冲突"的情况,碰到"也许影响职业道德"的行为时,应当主动申报。

例如,最近你接到某一款工具的订单。作为业务员,你选定了一个比较配合的供应商,决定下单。但是有一个特殊情况,这个工具工厂的主管是你大学同学,这种情况你需要向公司报备吗?

我认为,按照商业道德,这是需要报备的,因为这或许会涉及利益收受。在同等条件下,同学工厂的价格实在,品质也不错,因为有交情,供应商会更加配合,这是好事情。尽管你问心无愧,但按照规矩,这种情况还是需要报备的。哪怕你坦坦荡荡,也会有人认为,熟人之间下单,订单出货后,工厂私底下会支付给你暗佣。不管从哪个角度考虑,碰到这种可能存在潜在利益冲突的情况,都需要主动告知公司,由老板或者高管来判断是否继续在这家工厂下单。

再如,客户跟你交情不错,对你印象特别好,来访的时候专门为你准备了私人礼物,这种情况需要向公司汇报吗?比如,客户给你带了一盒小饼干,需要汇报吗?

在很多 500 强企业和跨国公司,对礼物的定义是"伴手礼",如一盒饼干、一包咖啡、一罐糖果、一盒巧克力，接受这些礼物自然没问题。但若是客户送你一部手机，你就需要告知老板了。老板让你收下，你才可以自己留着，否则就要上交公司。

这里有一个标杆。从经济角度衡量，"伴手礼"的价值一般在50美元以内。如果超过了，那么按照职业操守，应当如实告知公司。

我们对于验货员的要求同样如此。验货员不得接受供应商超过50美元的礼物（当然，一盒茶叶、一包笋干之类的土特产还是允许的），不得收取任何红包，也不可以接受任何宴请，只允许接受简单的工作餐（如普通简餐，或者肯德基之类的快餐，但不可以饮酒，更不可以去五星级酒店或者高档餐厅用餐）。否则，一旦证据确凿，或者接到举报，公司必严惩不贷。

八

这一篇内容看起来有点沉重，很多朋友或许会觉得这样就无法愉快地工作了，怕这个怕那个，多没意思。

其实话不能这样说，每个行业有每个行业的规矩，这些规定既包括明的通行准则，也包括日渐形成的心照不宣的规则。

时刻警惕和注意商业道德，并以此作为自己诚信和人品的标杆，假以时日，这些都会成为你在职场上立足的核心竞争力之一。别想着走捷径、赚快钱，"快"往往代表了"根基不稳"，代表了"问题很多"。

我平时给外贸企业做培训，告诫大家的第一课，也是最后一课，就是商业道德——人混迹职场一辈子的职业操守。大家必须坚持自己的底线，诚信正直，有立场，有原则，不该碰的东西坚决不碰，不该赚的钱坚决不赚，舍弃眼前的一丁点利益，未来才能走得更稳。

不要相信那些靠坑蒙拐骗、侵犯老东家利益、违反行业规则、不择手段赚钱的所谓的"成功"经历。社会在发展，人的思想在进步，这样做的人注定会被边缘化，被主流观点所不齿。

《礼记·大学》有言：修身、齐家、治国、平天下。这其中，修身是一切的根本。这一点做不好，其他一切都无从谈起。

做好自己，无愧于心，路才能越走越远，越走越宽。

小成靠智，大成靠德。

一线城市漂泊多年，该回老家吗？

一

有个学员曾经给我留言，说她在深圳工作四年，没有什么成绩，而且一个人在外特别想家，不知道留在深圳的意义是什么。毕业后曾踌躇满志，想去最前沿的城市深圳打拼一番事业，可整整四年下来，自己还停留在蜗居的状态。眼看着房价越来越高，自己的收入却越来越难以企及。自己工作用心、肯拼，可每天下班回到出租屋，面对着四面墙，连个说话的人都没有，倍感孤单。

久而久之，这个学员产生了厌倦心理，开始浑浑噩噩地过日子，不知道未来的目标和方向是什么。

家人总是在电话里一次次劝她回老家，因为老家压力小、物价低、房价低，而且家人都在身边，平时可以先住在家里，以后买大房子住也不难。

她看看以前的同学和闺蜜，一个个在老家过得不错，都买了房、买了车、结了婚、生了孩子。小城市的生活压力不大，周末可以出去玩，逢年过节还能去境外旅行，日子过得很逍遥。

对比自己的生活，哪是一个惨字了得！虽然月薪从3000元涨到了8000多元，每年还有几万元到十几万元的提成，可自己在深圳什么都不是，过日子还要精打细算，就连吃顿大餐都要犹豫很久。看着老家的朋友们吃喝玩乐、聚餐逛街，三天两头搞家庭旅行什么的，朋友圈充斥着岁月静好，她十分羡慕。

终于，在母亲苦口婆心地念叨了几年后，在某天因工作不顺心而情绪糟糕的时候，这位学员下定决心要回家。收入低一点没关系，她相信凭借自己的努力，凭借在深圳多年积累的能力，找工作肯定不难，过几年还可以自己创业。

二

这本来也是一个不错的结局。我原本以为，她接下来会过相对安逸的生活，有一份稳定的工作，建立自己的小家庭，有自己的孩子，人生轨迹会这样延续下去。可是三年后，我再次收到了她的留言。她说，如今的生活让她更加痛苦和茫然，她下定决心再次回到深圳，重新开始，为了梦想而拼搏。

这三年里，她结了婚，在当地买了180多平方米的房子，有一个爱她的老公，还有一个可爱的女儿，人生似乎变得圆满。可唯一让她难以接受的，就是事业总是不尽如人意。

刚回老家的时候，找工作异常困难。她原以为自己有在深圳工作的经验，各方面能力都不错，对当地的竞争对手应该是降维打击，找工作完全可以手到擒来。可结果是当地像样的工作机会少之又少，从老板到生意模式到思维方式，用她的话说，简直落后了一个时代。

深圳的短平快接单、标准作业流程、高效打样和开发，在老家都是不存在的。老家只有拖沓低效、杂乱无章。最让她难以忍受的是，她的部门经理不懂英文，所有客户的邮件她都要先翻译成中文，给经理看过，再把回复的内容也翻译成中文，给经理批示，然后才可以回复客户。

而很多时候经理回复邮件时会掺杂许多他的想法，让我的这位学员一遍遍去改，改到经理满意为止。经理担心这位学员会欺负他不懂英文，还专门招聘了几个员工做评审员，动不动查阅不同业务员跟客户往来的邮件，核对中英文是否吻合，是否按照经理的批示回复客户的。

这种僵化的官僚体系浪费了大量的时间，她觉得一天做不了多少事情，一直在不断地做翻译工作，产生的价值非常低，这种工作根本不是她想要的。更何况，收入还不到她在深圳时的三分之一。

不到几个月她就辞职了。

三

后来她尝试自己创业，做外贸公司。毕竟成本不高，几万元资金就可以启动。

可做了几个月后她发现，老家附近的供应链不行，远不如深圳那么完善。许多行业和产品她都不熟悉，而熟悉的产品在当地几乎没有。

她也试着跨专业，做当地有竞争力的农具，可好不容易开发出的第一个客户，竟被工厂偷偷给撬走了，她欲哭无泪。这期间，她完成了结婚这件人生大事，后来又发现自己怀孕了，不可能在外贸行业继续打拼，于是她就草草地结束了创业，专心回家休养待产了。

等孩子出生后几个月，她重返职场，选了一份幼教工作，希望时间宽裕一些，可以多照顾家庭。这份工作她做了一年左右，并没有让她不开心的地方，她也很喜欢跟小孩子打交道。除了上班就是回家，两点一线的生活简单而快乐。

只是她内心深处有各种不甘心,每每回想起自己当年在深圳拼搏的场景,她就会想,如果当时没有回老家,结果会是怎样。如果这几年一直留在深圳,也许工作会上一个台阶,还会有自己的家庭和房子。

而对比如今的稳定工作,她觉得一眼就能看得到的将来平淡如水,好像这一辈子就是这样了。想努力又没有机会,想挣扎又看不到希望,甚至根本不知道该如何努力。

她跟老公商量后,两个人决定,再次去深圳打拼。她可以重新回到外贸行业,她老公本身做的是质检工作,去深圳也不难找工作。至于孩子,先留在老家让父母帮忙带着,等他们在深圳稳定下来后,再把孩子接过去。

她这个时候来问我,就是想参考一下我的意见。

四

我没有正面回答她,而是发了东野圭吾的一句话给她:"其实所有纠结做选择的人心里早就有了答案,咨询只是想得到内心所倾向的选择。最终所谓的命运,还是自己一步步走出来的。"

我告诉她,当初回老家并没有错,否则她在深圳坚持着,心里会一直犹豫,会一直纠结,会无数次设想回老家生活得更好的场景。这种自我怀疑会给她的人生设限,会令她一直在"可能选择另一条路会更好"的想象中困扰着。

所以亲身体验一下,了解两者的差异,看看自己能否适应、接受这些不同点,是否回得去,这都是必要的。

她尝试了,体验了,结果发现,老家的工作方式和生活习惯并不是她所能接受和认可的。她更喜欢快节奏的深圳,喜欢个人奋斗。这一段回老家的经历，反而让她更加明确了自己究竟想要什么，也让她明确了以后的道路和方向。

她再次去深圳，能不能闯出一片天地，能不能扎下根来，能不能成为一个崭新的励志故事，我不知道。可我知道，兜兜转转这几年，她终于找到了自己的目标，真切而自然。她不会再像过去那样沉浸在迷雾中，容易被身边的人带节奏，也不会再因为一些挫折而陷入深深的自我怀疑中。

更何况她回老家这几年也是有收获的，她解决了人生大事，有了自己的小家庭，买了房，也有了可爱的孩子，所以这一切都是值得的。

至于当初留在深圳会不会更好，这是假设性问题，无法回答。可能更好，冲破艰难险阻，春风得意马蹄疾，一日看尽长安花；也可能更糟，事事都不顺遂，欲渡黄河冰塞川，将登太行雪满山。

五

一线城市漂泊多年，在漂泊的过程中，每个人心里都会有些许怀疑，些许伤感，有一缕乡愁挥之不去，这都是人之常情。

大城市压力大，生活艰难，这是事实。可大城市有完善的产业链，有丰富的就业机会，有相对公平的竞争环境，这都是小城市所不具备的。

我也羡慕毕业后就回老家，在家乡工作的同学。可别人毕业回家，可能工作早已安排好，房子也已买好，甚至连女朋友的工作都可以安排好，只等着结婚生子，过舒服日子就行。

可我什么都没有，如果回了小城市，各种机会少之又少，一旦发现不顺和不如意，再想重新回到大城市就很难了，会涉及更多新的问题。比如，需要重新租房，需要搬家，需要从头开始找工作，对于穷孩子而言，一切都会变得难上加难。

所以毕业后，我选择直接留在大城市。好好锻炼和积累，好好寻找机会，在职场上拼出一番成绩，再自由选择定位和规划将来。这是我当初的想法，到今天都没有改变。

"大城市承载不了肉体，小城市承载不了梦想。"这只是说说，真的猛士往往会迎难而上，拼出自己的前程。

我从上海到香港，再到海外工作，十几年下来，沉淀了足够的经验和阅历。这时候我有了足够的资本和能力，可以选择我要定居和工作的城市，如此就变得写意而自然。这一刻我才发现，我不是被这个社会推着走，我可以选择过我想过的日子，住我想住的地方。

六

如果你问我，毕业后究竟该留在大城市打拼还是去小城市工作？我无法回答你，因为每个人的情况不同，这个问题并没有绝对的答案。

北上广深是无数造梦者和追梦人心心念念的地方，他们希望借此改变命运，希望从此逆袭翻盘。可大浪淘沙，真的能跨越阶级、改变未来的必定是少数人。

所以你在选择的时候，一定要想清楚，自己究竟想要什么，自己能承担什么，以及理想和生活在你心里孰轻孰重。

社会在发展，人口在流动，很多人离开小城市去一线打拼，可能定居后再也回不到过去。也有很多人逃离北上广深，减轻压力负荷，寻求舒适和宁静的生活。

我选择了前者，或许你选择了后者；又或许多年以后我会选择后者，你又选了前者。该不该回老家，只有自己心里明白，别人永远无法理解你当下的感触。

故乡是什么？是你心里永远的记忆，是让你看遍人间烟火依然挂念的那个熟悉的角落。可当你离开故乡的那一刻，故乡已经变成了他乡，而他乡已然成了故乡。

回得去吗？有些人可以，但很多人已经回不去了。正如余光中笔下那惊艳时光的句子：前尘隔海，古屋不在。

理想与现实的隔海相望

一

"亲贤臣,远小人,此先汉所以兴隆也;亲小人,远贤臣,此后汉所以倾颓也。"这两句话大家应该很熟悉,出自经典名著——诸葛亮的《出师表》。

儿时读这篇文章,慷慨激昂,热泪盈眶。诸葛亮在白帝城接受刘备托孤后兢兢业业,为蜀汉江山尽心尽力,还一直告诫阿斗,要亲贤臣,远小人,振兴朝纲。此番情景,令人感慨。

长大后,读过更多书,经历过更多事,才逐渐体会到,很多事情仅仅是理想,只存在于我们的想象中,根本不存在完美的现实。

这里面的一个问题就是"贤臣""小人"该如何定义。何谓贤臣?何谓小人?

我们习惯用道德标准去评判,这显然是错误的。每个人的立场不同,看待问题的角度自然就不一样了。

诸葛亮六出祁山,姜维九伐中原,为建功立业殚精竭虑,是贤臣吗?在文人墨客眼里,诸葛亮、姜维等人匡扶汉室,北定中原,自然是忠臣、贤臣。大家自然而然地认为阻拦忠臣、掣肘贤臣的皇帝就是昏君;跟忠臣作对的臣工同僚,给贤臣找麻烦的大臣就是小人,是佞臣。

可是若反过来思考，相权张，则君权弱。若是将忠臣过于神化，那么又置刘禅于何地？我们又该如何看待皇权？

三国后期，蜀汉的名臣良将相继凋零后，蜀汉并没有立刻进入内乱阶段，进而投降亡国，反而在刘禅的领导下，继续存在了很多年。如果刘禅真的是昏君，那么这个结果就不成立了。刘禅的用人和管理能力，控盘能力和大局感，情商和智商，或许都比大家想象的要高明许多。

二

再看司马懿，他是贤臣还是小人？从以曹魏政权为正统的角度看，司马懿当然是一等一的贤臣。若没有他，或许蜀汉北伐，中原易主真有可能。

但是在曹芳眼里，司马懿就是个彻头彻尾的小人。因为司马懿政变夺权，让曹魏皇帝从此变成了傀儡和摆设。

我们再换一个角度，把视角继续拓宽，放大到整个三国两晋去看这个问题，司马懿又是绝对的贤臣，因为有了他才有了司马家族的繁衍昌盛，才有了建立门阀的基础，才有了西晋的短暂统一。

一个人是贤臣还是小人难道可以变来变去？还是说，随着我们视角的变化，看问题的角度不同才变得不同？

时光转到东晋，永嘉南渡后，赫赫有名的桓温算贤臣还是小人呢？他举兵平定蜀地，消灭成汉，北伐前秦、前燕、姚羌，一次次挫败慕容氏的南征，维护和保存了南渡江左的东晋政权，延缓了前秦南征，对东晋来说自然是贤臣。可后来桓温的西进和北伐，对东晋朝廷来说，却是炫耀兵威，威慑江东。桓温到晚年还逼迫朝廷，要求加九锡，自然是不臣之心，是小人。

桓温之子桓玄更是在乱世中反叛，挥军东征，杀司马道子和司马元显父子，逼晋安帝禅让，终结了东晋朝廷，建桓楚政权并称帝。在司马家族眼里，桓玄不仅是小人，还是要被诛九族的叛贼。

我们不妨设想，如果桓玄在攻入建康后，迅速打垮刘裕的北府兵，乃至一统南方，结果会如何呢？史书上对他的定义就是开国皇帝，连桓温的角色都会变得不同。

只是史书上所称道的"正面角色"，最终由刘裕来完成，其改朝换代，是为宋武帝。那刘裕是贤臣还是小人呢？如果在以东晋政权为正统的前提下来看，刘裕在谢玄和刘牢之手下的北府兵任职，从淝水之战打到建功立业，自然是贤臣。而后他声威日盛，掌握兵权、政权，成为东晋最大的军阀，坐视桓玄灭东晋后才举兵，且没有复辟司马政权，而是自己坐上了龙椅。从司马家族的角度看，刘裕就是小人。

我们只需要把大前提换一换，思考的方向和得出的结论，就会变得完全不同。由此可见，是贤臣还是小人，一定要在具体前提下才有讨论的意义，否则根本就不存在所谓的贤臣和小人。

三

南宋绍兴年间的岳飞是大忠臣，是贤臣，是千古名臣，这是我们站在百姓的立场，以后世的眼光看的。可在当时呢？赵构从开封逃出后，在商丘称帝，然后一路南逃至扬州、镇江、杭州、绍兴、宁波、舟山、温州，直到金兵撤离江南，赵构才勉强回到杭州并定都。

那时候的赵构仓皇度日，内心十分恐惧，时不时担心自己被金兵抓走。

那时他唯一渴求的是保住性命，是不被金兵追着跑，过几天安生日子。他任命的岳飞、韩世忠、张俊、吴玠都是主战派将领，这些人能征善战、功勋卓著。可一旦形势稳定，赵构在意的或许更多的是皇权的安稳。如果岳飞真的北伐成功，迎回徽钦二帝，那么置赵构于何地？他是退位呢还是不退位？

而岳飞此人又实在太猛，文韬武略样样在行。事实上，岳飞已经是南宋朝廷的头号军阀，皇帝岂能不忌惮？更麻烦的是，岳飞深得人心、人品卓越，又没什么污点，不管是大臣还是民间百姓，都把他当成中兴宋室的希望，这让皇帝如何安心？

皇帝并不怕贪官，也不怕污吏，因为这些人都是大家眼里的"小人"，皇帝用他们的时候随便用，不想用了找个借口除掉便是。但是"贤臣"就有点麻烦，要除掉贤臣，不是随便找个借口就可以的，否则没法堵住悠悠众口，皇帝自己的形象也会因此受损，甚至在史书上留下"昏君"的骂名。

能力强、人品好、没弱点、又能打的贤臣，也就是岳飞，让皇帝赵构怎么处理才好呢？若是岳飞效仿当年的赵匡胤，来个黄袍加身，不就麻烦了？哪怕岳飞没有任何不臣之心，也挡不住那帮手下对于"从龙之功"的巨大渴望。一旦岳飞北伐成功，重新拿下汴京，谁敢保证不会再来一次"陈桥兵变"？到那时候岳飞或许会被一大群将领裹挟着上位，不反都不行了。

这就是赵构情愿重用秦桧，用一场恶心世人的风波狱，情愿让天下人唾骂，都必须除掉岳飞的原因。

至于秦桧，他只是个替罪羊。若是皇帝不同意，他能擅自做主，除掉手握重兵的岳飞，干掉朝廷的中流砥柱？他办不到。真实的情况或许是一个人动脑子，一个人动手，两个人演双簧戏罢了。

从赵构的角度出发，他难道不知道岳飞的忠心？不知道岳飞对于朝廷的重要性？不知道他是贤臣？当然知道，但是没办法，太优秀的贤臣在皇帝眼里，比无耻奸诈的小人更加可怕。

四

历史上过于优秀的人往往结局都不是太好。

真正的帝王之术，是既要用贤臣，也要用小人，两者平衡，才能维持皇权的稳定。小人对于朝廷有巨大的破坏力，但是贤臣若是出点问题，这个破坏力会更大。小人最多是残害忠良，贤臣或许能改朝换代。

皇帝不能让门阀势力过大，也不能让官员结党，就必须用一些小人，让贤臣转移注意力，让贤臣一心一意跟小人去争、去斗，这样才能让皇权置身事外，保持地位的稳固。

武则天用周兴、来俊臣，赵构用秦桧，朱元璋用胡惟庸，朱厚熜用严嵩、严世蕃，乾隆用和珅，慈禧用庆亲王奕劻，本质上都是一样的策略和手法，就是"不让贤臣的实力过大"，简在帝心，一切在皇帝的掌握之中。

贤臣有贤臣的用处；小人有小人的作用。关键在于，用人者，如何发挥其彼此的长处，又让彼此相互牵制。动态的平衡才是贤臣与小人相爱相杀的理想结局。

不靠谱的生意伙伴要趁早远离

在朋友圈里看到一位做战略咨询的大佬痛斥某位客户不靠谱，套取了他的策划案后就开始玩消失。更可恶的是，这位客户还堂而皇之地把策划案的初稿在自己的朋友圈晒了出来，在吹嘘的过程中觉得占到了便宜。

这件事情在小范围内引起了一场轩然大波。有朋友觉得，毕竟双方没有最终合作，这只是前期的意向方案，客户没有将策划案用作商业用途，而仅仅是给大家欣赏策划思路，这无可非议，不需要上纲上线去批评。

也有朋友认为，这种做法非常不妥，毕竟这是别人用心、用经验、用时间做的策划案，这位客户可以不选这份策划案，也可以不与对方合作，但是没有经过原创者允许，不应该通过网络或者社交软件传播策划案，哪怕是初稿。不管出于何种目的，这样做都是对别人工作的不尊重。

一、再好的方案也会受主观意识影响

设计方案、策划等偏主观判断和个人审美的产品，其好坏本来就不具备统一的标准性，往往是供应方跟客户做简单的探讨后，做两套甚至更多套方案，然后从中选取符合客户心意的那套，再一步步修改，从而不断完善。

我前阵子做过一次公开课，我用 Keynote 做的课件，自我感觉非常好，

从制作平面图到动态图，从字体到逻辑，我都觉得是我这几年来最满意的一个课件。可甲方的高层指出，我课件里用的字体不够美观，要求我全部改用 Verdana 字体，这样会更加协调和整洁。

天知道 Verdana 这款字体，在我的方案里一般是被打入"冷宫"的，我觉得它丑爆了。而我这 50 页的课件中涉及 17 种英文字体，不仅我自己觉得十分协调，不少专业的平面设计师也觉得毫无违和感。这份课件可以算得上我现有课件中的巅峰水准。

可我觉得好，不代表甲方一定能看中，大家的审美是有差异的，理解和衡量标准也不同。因为这是相对主观的事情，没有绝对的评判标准，不是一加一等于二那么简单。

就好比对于一件衣服的感觉，有的人觉得眼前一亮，有的人觉得平淡无奇，还有的人会觉得丑出天际，这都是合理的。

二、不能勉强别人认同你的价值观

职场上一定有很多人无法认同你的价值观，甚至跟你的想法完全相反，这都是很常见的。

比如说，你认为要恪守商业道德，不可以做权力"寻租"的事情。但或许在别人眼里，你就是个傻子，权力不用，过期作废。

比如说，你从公司离职，你特别看重职业操守，不去损害前公司的利益。但或许在别人眼里，你要做圣人，那就别做生意。

比如说，你认为朋友之间贵在交心，能伸出援手就绝不犹豫。但或许在别人眼里，你这是自找麻烦，没利益的事情做它干吗。

因为原生家庭不同，成长经历不同，教育背景不同，塑造出的每个人一定是不一样的，你没有办法让所有人都认同你，这根本无法勉强。哪怕你用了很多心思去举例，去苦口婆心地规劝，别人也无法感同身受，倒不如省点力气，把更多的时间用在自己身上，做好自己的事情。别想着去改变别人，因为这几乎是不可能的任务。

三、定位自己，也定位别人

我们常提到的"定位"一词，并不仅仅用在产品和行业上，有时也可以用在不同的人身上，包括我们自己。而定位的原则总结起来就是四个字：求同存异。

志同道合的人，才是好的合作伙伴，大家有同样的思维、理念和道德规范。而差异很大的人之间，就需要寻求相同的点，找到合作的可能性。

我们会因为生意伙伴的不靠谱而愤怒，但这时候最重要的不是发泄情绪，而是及时止损，尽早跟不靠谱的人中断生意往来，甚至是私人往来。

生意上的事情，该怎么处理就怎么处理。我们的时间很宝贵，通过定位原则，已经把对方排除在合作伙伴之外，就没必要浪费时间纠结了。

四、尊重别人才能得到别人的尊重

别人的劳动成果不管是否有价值，我们都应当给予足够的尊重。

我曾经面试过一个工业设计师，我要求他出一个方案，为我自己的品牌设计一款记事本。当时我随口说了一句，方案如果能被采用，我会支付相应的报酬。

这位先生表示了很大的兴趣，当晚就给我发了一个文件，牛仔布的封面设计，加上了我的品牌 Logo。我看了后觉得十分普通，并没有什么创意和特别吸引我的地方。第二天见面时，我们继续聊了这个项目和他的工作情况，我觉得他的能力和眼界很有局限，不具备作为我需要的工业设计师的能力。

晚上我打电话回绝他的时候，他提出，他已付出了心血，希望我可以支付给他报酬。我问他要多少。他说工业设计项目的报价在几万元到十几万元，最后又说这个项目比较简单，用的时间也不多，他以个人名义接洽，收费没有企业那么高，再给我打个折，收我 6000 元。

我被此人的无耻给惊到了，或许他觉得我没见过世面。因为只是一张平面记事本的图片，网上素材库就有，然后用软件把 Logo 合成到图上就好，应该用不了 10 分钟时间，6000 元的价格确实是高得离谱。

不过我也没说什么，我尊重和感谢他的工作。我表达了我的意思，他各方面能力都不错，只是我们是小公司，有各种不稳定的情况，所以他并不太合适。至于他的方案，我不会用作商业用途，不用给我原稿，而且他只给了我参考的 jpg 格式的图片，我就一次性支付 3000 元。他表示同意。

五、争一口气，不妨选择远离

后来我跟杭州设计界一位大佬吃饭，他是大学教授，也是学科带头人，负责的都是知名企业和政府的大项目。说起上述事情，这位大佬果断地说，我被坑了，这是一分钟都不用的事情，网上找张图，加个 Logo 就行，凭什么要给他 3000 元？而且这是面试的考题，根本不用给钱，他也没有给源文件，方案没有进入任何商业环节。

没错。在我看来，这个人水平一般，人品也不靠谱，我根本不可能用他。既然如此，远离才是最好的选择。

在报酬上纠结有意义吗？或许我据理力争一下，能省几千元钱。但是对我而言，这没什么差别。不如用这3000元一次性了结这件事情。双方也知道，彼此之间不会再有什么联系，不会再有交集。

我不能用我的观点去要求别人也这样做生意。也许有人会认同我，有人会说我傻，这都没问题。每个人都有自己坚持的东西，都有为人处事的方式和手段，都有和这个世界对话的方式。在我看来，我的时间宝贵，我不想浪费在细枝末节上。合适，就谈下去；不妥，就停下来。

再说回本篇开头时那位大佬，被别人剽窃劳动成果的痛心疾首，我自然感同身受，就好比我写的文章被很多人堂而皇之地抄袭，被用来获取名利，我同样无比反感。但这并不代表我要据理力争，因为有的时候争根本争不出结果，反而满足了别人挑起争议话题的目的。

"白首相知犹按剑，朱门先达笑弹冠。"王维的《酌酒与裴迪》已经写得很清楚了，无须赘言。

生意就是生意，生意场也是名利场，利益不冲突的时候才有朋友。

商场上的善良要有边界

一

写这个话题的时候,其实我的本意是,商场上要懂得区分公事和私事。

公事,就要完全从公司的利益出发,做的事情不可以影响或者损害公司利益。不但不能影响短期利益,也不能影响长期利益,这是前提。

私事,边界可以宽泛。生意伙伴在生意之外需要你帮忙,如果是举手之劳,或者自己有信心办到,那么不妨伸出援手,只要不影响工作就好。

在你决定帮生意伙伴做事情前,先好好想想,这是公事还是私事。第一步想明白了,再进一步判断,自己应该做多少,做到什么程度。是浅尝辄止还是全力以赴,二者是截然不同的。

疫情之下,客户要你帮忙在中国采购口罩和护目镜等产品,这是正经生意,属于公事。这就要按照做外贸的规矩来,从报价到付款方式,从跟单到出货,一板一眼,赚该赚的利润,这无可指摘。

若是客户没有正式下单的意愿,只是希望你帮忙买口罩等,因为当地很难买到,然后让你快递给他,他和家人自用,这就属于私事。哪怕送客户一些,快递几箱过去也没什么问题,不需要过于计较,因为这只是在自己力所能及的范围内提供些许帮助而已。

在某种程度上，生意场上的私事往往跟公事有着千丝万缕的联系。比如，我们帮客户处理一些私人的事情，其实目的是让公事可以进行得更加顺利。只是在处理私事方面，需要特别注意边界，不是所有的事情都值得你全力以赴。我们需要诚信，可以慷慨，可以善良，但不能忽视边界的存在。

二

朋友小叶前阵子就碰到了麻烦事。她的一个老客户采购汽车清洗机，一直分两家下单，小叶大概拿到30%的订单，另外一个同行拿走客户70%的订单，这两三年相安无事。

只是最近一次订单，小叶那位同行的货出了质量问题，因为更换了配件供应商，或许还有一点偷工减料的原因，这位同行提供的产品在德国出现了自燃的情况。客户吓坏了，随即全面召回这一款产品，结果损失惨重。

客户跟工厂的索赔谈判非常不顺利，工厂不愿意赔偿，还附加了一大堆远期分批扣款的方案，毫无诚意。客户非常恼火，想取消后面的合作，只是工厂压着客户12万美元的定金不给，很难谈。

于是客户找到小叶，希望她帮忙跟同行的工厂谈谈，看看如何把定金要回来。客户保证，只要小叶帮他要回定金，未来的大部分清洗机订单都会给她，而且保证她今年的订单量翻倍。

小叶很热心，打电话跟工厂沟通，找熟人牵线跟工厂老板协商，但事情毫无进展。根据合同规定，客户取消订单，供应商无须退回定金，这也是国际惯例。也就是说，客户想要回钱，除了走法律途径，几乎没有更好的办法。

小叶觉得，受人之托，忠人之事，这是基本的原则。她决定尽最大努力，帮客户要回定金。而且她认为这是客户对她加深信任的一个契机，这件事情办漂亮了，未来肯定好处多多。于是小叶让我为她出谋划策，看看究竟该怎么做。比如，先礼后兵，软硬兼施，主动放低姿态，争取协商解决，甚至退一部分款项都行，尽可能帮客户减少损失。如果实在谈不下去，大不了跟工厂摊牌，提出报警，甚至走法律途径。

小叶甚至想过，如果同行这边真的无法退款，大不了她承担一部分，钱款从她接下来的订单里扣除，这样也许能让客户感受到她的诚意，对将来长期合作有利。

三

听到这里，我长叹一口气。小叶对客户的情况完全不了解，她用自己的观点设置了一个框架，然后硬套在别人身上，显然是要吃大亏的。

我给她分析，若按照她的思路执行，结果一定不尽如人意，甚至会出现很糟糕的情况。至少她的做法是弊大于利的。

如果同行的工厂很难沟通，油盐不进，就是不退款，即使客户取消订单，同行的工厂也表示悉听尊便，这种情况下，小叶主动帮助客户分担损失，客户会怎么想？客户或许会表达感谢，但一回头就会发现，这么大的一笔钱她都能自己承担，可想而知，她从订单里赚了多少钱。哪怕接下来会继续合作，客户也会觉得小叶利润高，以后或许会对她进行无数次砍价。这样一来，小叶费心费力还费钱，或许还不如过去的合作顺畅。

小叶做这件事情是不能越过边界的。同行讲不讲道理，这是别人的事情，她控制不了。客户要求帮忙，她尽力而为即可，但无须全力以赴，原因如下。

第一，同行工厂不退客户定金，客户损失惨重。这样一来，客户跟同行继续合作的可能性会很小，因为关系彻底破裂，哪怕没有对簿公堂，估计以后的生意也不会有下文。这对小叶而言，是件好事。

第二，如果工厂退了定金，客户减少了损失，那么这件事对小叶而言有多大帮助呢？其实很少。当下客户会很开心，会承诺订单都给小叶，但生意场上最没有价值的就是承诺。哪怕订单确实给了小叶，后面若客户发现有更好的供应商，产品更好，价格更好，客户照样会转单。

这样一分析，不管同行能不能退定金，都不会影响客户跟小叶的合作关系，甚至客户若跟同行闹翻，小叶能承接一部分订单也未可知。既然如此，那让客户在同行那里吃点亏，反过来客户会发现小叶是靠谱的供应商，这样岂不是更好？

四

商场上，大家都是竞争关系，即使不用阴谋，不落井下石，我们也要果断抓住机会，为自己打算一下。或者再"厚黑"一点，我巴不得除了我以外，客户碰到的其他供应商都不怎么靠谱，这样才能凸显我的与众不同，才能展现我的专业和服务。

回到正题，如果我是小叶，处在小叶的立场，我一定会满口答应，尽力而为，会给同行写邮件，说清楚这件事情，请对方安排退款。邮件内容我会写得很恭敬，有一说一，不代入任何情绪，也不会幸灾乐祸。并且我会将邮件密送给客户。

如果同行不回复，或者表达了拒绝的意思，我会跟进一封措辞相对严厉的邮件，表明客户的态度，希望他们支持和理解，并且希望同行配合客户取消订单。这封邮件我会继续密送给客户。

不管同行最终回复还是不回复，这已经不重要了。在这期间我还会跟同行通话，简单沟通一下并表明我的态度，但是言辞不会过于激烈，也无须激怒同行。因为这不是我的事情，我只会按部就班，适当协助，但不会全力以赴。

这三个步骤完成后，我会总结一下跟同行的接触，给客户写一个详细的报告，把真实情况说清楚，不需要添油加醋，也不用攻击同行。这样一来，就等于告诉客户：你看，我把该做的都做了，我尽力了，但是对方毫不让步，我也完全没有办法，只能靠你自己处理了。

可以善良，但是需要注意边界，需要时刻留意，拼尽全力会不会让客户解套，会不会反而把自己陷进去，影响远期利益。有时候，不完美的处理结果才是可进可退的堡垒。

而今才道当时错

出自 / 纳兰性德
《采桑子·而今才道当时错》

Chapter
02

你输在拥有太多,而不是一无所有

一

企业的发展一般都有这样一个规律:许多企业在初创阶段,往往充满活力,但当企业发展逐步稳定后,却慢慢变得僵化,倾向于维护既得利益和现有优势,这时企业尽管能继续发展,但是失去了亮点,逐渐在竞争中变得平庸,并且非常有可能在下一波行业变革时,被后来者赶超甚至淘汰。

这其中一个很大的原因就是企业抱残守缺,不舍得放弃手中的利益,做事总是瞻前顾后,导致逐步失去机会。

第二次工业革命为什么没有最早发生在英国,而是让德国等国家后来居上了?

因为英国那时候是既得利益者,有遍布全球的殖民地给他们输血,英国人赚得盆满钵满,缺少创新和技术革命的动力,甚至用各种贸易保护政策支持本土的落后产业。而德国不同,德国希望挑战旧秩序,希望自己进入一线强国之列,他们有充分的动力创新和发展新技术,提高生产力。

"二战"后,尽管英国是战胜国,但其工业凋敝,经济濒临崩溃,殖民地分崩离析,英镑的地位逐渐被美元所取代。这期间大量的人才离开欧洲,去了环境相对宽容的美国,推动了第三次工业革命在美国的发生,使美国逐渐发展为超级强国。

我想说的其实跟战争无关，是既得利益者。既得利益者很难自我革命，放弃现有的利益，去追寻一个更广阔的未来。

二

大家都知道诺基亚，它曾经打败了摩托罗拉和众手机品牌，拔剑四顾无对手。诺基亚决定垄断全球手机市场的时候，市场却悄然变化。

智能手机迅速崛起，乔布斯重新定义了手机，苹果引领了智能手机领域的革命，迅速占领市场，三星、LG等品牌迅速跟进，分化成iOS和Android两大阵营，将诺基亚这个庞然大物打得措手不及。

这时候诺基亚有应对策略吗？其实是有的。如果它能当机立断，选择Android阵营，以诺基亚的市场地位和资金实力，完全可以碾压大部分手机品牌，甚至扼杀处于萌芽阶段的苹果手机也未可知。

是诺基亚的研发部门出了问题，还是诺基亚对于全球科技发展的方向把握有偏差？都不是。后来的资料证明，诺基亚在很多年前已预测到智能手机一定会蓬勃发展。可诺基亚的问题是不舍得基础功能手机的庞大出货量，不舍得放弃2G时代的Symbian系统，瞻前顾后，不愿意自我革命去拥抱技术革新，从而错失了宝贵的时机，直到无法翻盘。

三

苹果成为智能手机行业的引领者，占据了这个市场的绝对优势和利润。也正因如此，跟当年的英国一样，苹果逐渐丧失了积极进取的雄心，反而通过对同行的限制和压制,来维护自身的垄断地位,继续收割利润。

所以苹果接下来的策略表现出两个问题。

第一,跟各路同行打官司,设置无数的专利和技术壁垒,限制和打压同行。

第二,走奢侈品化路线,维持高利润,满足投资人和股东的需要。

第一个问题让苹果成为众矢之的,也让其持续的创新变得缓慢而薄弱。自我封闭,自我设限,哪怕维持了利润,最终却失去了情怀、品位和未来的增长潜力。

第二个问题是抱残守缺,不舍得放弃高利润,导致苹果在这条路上越走越偏,从而留出了大片的空白市场,华为、OPPO、vivo、小米等中国品牌趁势崛起。等苹果发现问题,想重新回归这块市场已经回不去了。失去的市场又怎可能轻易夺回?

四

再说中国移动。原先中国移动一直把联通和电信当成竞争对手,可结果呢?打败移动的不是其他电信运营商,而是微信。

还是同样的问题,移动没有发现这个问题吗?不是的,其实移动很早就推出了类似微信的产品,叫飞信。如果深入发展下去,凭借移动的用户数量,或许后来就没有腾讯什么事了。可移动为什么没有做下去呢?还是因为自身的利益冲突,不舍得动短信业务这块蛋糕。不舍得自我革命,就为后来者留出了弯道超车的机会。

在腾讯内部,微信的发展也不是一帆风顺的。发展微信业务,就意味着革自己的命,因为腾讯那时候的用户主要来自QQ,所以当时很多高管反对。

如果微信发展起来了，那么置 QQ 和移动 QQ 于何地？

面对困难和压力，马化腾全力支持张小龙团队，抛开一切杂念做好微信，才有了今天这款垄断中国社交领域的划时代产品，微信也成为腾讯内部最有价值的资产之一。

假设马化腾当初不舍得 QQ 这块的利益，不愿意自我革命，那么微信这个产品很可能会在新的初创企业里诞生，从而改变互联网巨头的格局，使江湖地位重新排序。

五

人类历史的演变，无不是不断变革带来的进步。要么主动改变，要么被别人改变，这就是现实。

大航海时代，英国终结了西班牙的优势地位，成为新霸主。"二战"后，美国改变了欧洲领导世界的格局，后来者居上。现在呢？美国不舍得放弃既有利益，牟足了力气，全方位限制和打压中国这个后来者，这就说明了美国不愿意自我革命，注定在不久的将来被中国超越。

大到国家，中到企业，小到个人，最大的竞争对手就是自己，是自己的既得利益。

我前几天还跟朋友聊起，现在许多"富二代"继承了家业，拥有庞大的企业、厚重的资产、扑克牌一样的房产证、大量的现金，看似强大，可他们最大的问题就是不知如何自我革命、如何再创业。守业不是那么容易的，只想维护既得利益，完成收租模式，坐享其成，这跟曾经的诺基亚有什么差别？

自己的认知不够，阅历不够，在后来者面前，只能是别人镰刀下的韭菜。

阶级固化在如今的时代只是个伪命题，社会在变化，阶级在流动，许多人会以你看不懂的形式脱颖而出，打得你措手不及。

现在的豪门，或许明天就会被年轻人击垮，沦为平庸的大多数。

现在的穷小子，或许一转眼就踩在豪门的"尸体"上，成为新贵族。

如今的中国正处于波澜壮阔的大时代。

过度努力也是一种病

一

努力有错吗？当然没错。知道自己的目标和追求，在学习和执行的过程中全力以赴，这是好事情，必须给予褒奖！

但过犹不及。任何事情都要有个"度"，哪怕用到"努力"上，也同样适用。

我认识一位很优秀的女生，工作很努力，一毕业就去了一线城市广州，不到两年时间，已经是公司的销售冠军，在基层员工里，她的收入可以进前三。如今公司还准备提升她做业务经理，让她培养新人和带领团队。

在外人眼里，她绝对是励志的楷模。大学时候专业不太好，她买了教材自学英文，并通过自考拿到了满意的成绩。

毕业后她想做外贸，但在广州人生地不熟，又因为专业不对口屡被拒绝。她不断跟师兄师姐取经，从网上学了大量的知识，买了好多书狂"啃"。她一次次给自己争取机会，除了简历外，还手写了声情并茂的求职信，直到连面试官都被感动了，给了她机会。

她觉得自己拍照水平不够，样品拍出来总是土得掉渣，于是报了摄影课程，专门钻研如何把照片拍得高大上。

她觉得自己邮件写得不够好，于是买了我的《十天搞定外贸函电》一书，还连买两本，一本放在公司当案头书，一本放在家里随时学习。她能用心到把每封邮件都默写下来，然后拆解句型，做成拼图一样的笔记，可以随时拿来就用。

她觉得自己工作效率不高，于是强行养成记笔记的习惯。每天一上班就把工作划分好，按照优先级分类四象限，然后逐条处理。

她发现别人都在打卡健身，她也不甘落后，每天坚持跑三公里，风雨无阻，哪怕再累再辛苦，哪怕没有力气，也要硬撑着走完。

她看到同事在学习外贸课程，于是她也下决心提升自己，从报一门课开始，到买下我们全系列的课程，拼命看，拼命学，还要跟小伙伴交流。

其实她已经做得很好了，但她还是给我留言，一次次强调她的焦虑和恐惧。她觉得身边的人都太厉害了，她自己太笨，怎么做自己都不满意，怎么努力都感觉落在后面。她已经把所有时间都用来工作、学习、健身，已经不断压缩睡眠时间，休闲和娱乐时间完全没有。

她发现好多外贸人都好厉害，有些人一年可以做几百万美元的订单，有些人甚至可以有上亿元的业绩，这对她来说太遥远了，完全是高不可攀的。她很焦虑，很无助，越努力越自我怀疑，大把大把地掉头发，实在撑不住了才给我留言，希望我告诉她，究竟该怎么做才能不那么绝望。

二

她的情况其实是很多努力上进的人的通病，就是太努力了，对自己的要求太高了。他们一开始就把目光瞄准了那些远高于自己的人，而忽略了长期的积累和时间复利，短时间内成绩没有突飞猛进，就开始反复自我怀疑。

这个女生就像一根绷得很紧的绳子，不允许自己有一丝一毫的松懈，她担心自己稍微放松一下，跟别人的差距就会越拉越大。她越是给自己不断设置目标，就越是焦虑。每次取得一点成绩，她就会跟别人更大的成绩比较，反而衬托了自己的渺小。

我问她："如今你收入怎么样？"

她说："马马虎虎吧，年收入刚过25万元，今年还有一点增长空间。"

工作还不到两年，这个收入已经算不错了。我还没来得及夸奖她，她便补充道："但这在广州算不了什么，太多人年入几十万元、几百万元甚至更高，我还差得很远很远。而且房子这么贵，我这样的收入如何在广州定居呢？"

看，这就是与过度努力相伴的过高目标。她其实做得很好，她很努力、很上进，工作也挺出色，已经超过了许多同龄人。她之所以绝望，是因为她用自己两年的工作经历，去跟成功人士的十几年、二十几年相比较。

别人年入百万，别人每年数百万美元的订单，都是职业生涯中长期积累所得到的，别人不是第一天就有这样的能力，也不是工作一两年就达到这个位置的，我们不应该用极个别的案例，去怀疑自己的工作和价值。

我问她："毕业前夕你对自己两年后的规划是什么？"

她脱口而出："在外贸行业积累和学习，可以月入过万。"

我说："这不就对了，其实你已经远超过你当初的目标，不是吗？你现在可以稳定地进入下一个阶段了。这就是你的职业生涯，你速度已经很快了。"

她沉默了。

我继续补充道："我刚入行的时候，上司跟我讲过一番话，我到今天还记得。他说,一个行业里的成功人士,其实大多数不是最有才华或者最努力的。最有才华的人往往认为自己本来就是天才,目空一切,不愿踏踏实实工作,很难沉淀下来把事情做好;最努力的人往往对自己要求太高,不断鞭策自己,结果只是埋头苦干和自我怀疑,但没有真正理解自己的价值。"

三

努力是对的,但过度努力,什么都要学,什么都要做,不断给自己施加压力,用别人的成就反复怀疑自己,这种困扰会严重影响我们长期的工作积累。

我不知道前文中提到的女生能否听得进去,很多年前的我也是彷徨失措、自我怀疑,在面对远胜自己的人时充满自卑和失落。

那又如何呢?饭要一口一口吃,路要一步一步走。我总是不断告诉自己,我不聪明,不要紧,我可以接受慢慢走,慢慢学习,慢慢赚钱,不求快,但求稳。

达不到年入百万元的时候,我先做到年入三十万元。年入三十万元都遥远的时候,先完成年入十万元的小目标。不要想太多,也不要总看着大人物"手可摘星辰",我们摘颗小葡萄也是可以的。

人生漫长,来日方长。既然已经很努力了,就多坚持一段时间吧,多一些乐观和平常心,美好的东西终究是值得等待的。

固执背后是认知的不足

一

你也许经常会碰到这样的情况:你跟人打交道时,为了让对方少走弯路,会从自己的经验出发,根据自己过去试错的案例,提出建议和方案。

但可惜的是,很多人并不领情。他们不仅没办法完全理解你要表达的内容,还会用无数个"但是"来否定你,会有千百个理由来反驳你,表现得异常固执。

譬如,你告诉她,学历在某种程度上挺重要的,这是人进入职场,挑选和被人挑选的敲门砖。

对方会认为,名校毕业又如何,还不是给人打工?家庭的背景,自身的运气,甚至嫁个好老公,才是翻转命运的钥匙。而且很多老板都是"草根"起家,高学历并没有说服力。

再如,你跟他讲,在职场上要沉住气,好好积累,不要一言不合就拍桌,二言不和就辞职。

他会认为这个老板无能,那个主管不知所谓,在就职的单位根本学不到东西。

又如,你对他说,工作的成长性是需要优先考虑的,有些工作起薪不高,但是未来有无限发展的可能性。

他会认为,好的公司、好的老板怎么可能介意那一点点工资?不能给我令我满意的薪水,别跟我谈以后。

碰到类似情况,一开始我也很无力、很无奈。我已经算是苦口婆心,甚至翻来覆去解释和分析,为什么对方就是无法理解?是我的表达能力有问题,还是分析的案例说服力不够?

我接触的这一类朋友越多,我越意识到,这不是我的问题,也不是他们的问题,我们大家都没错。对方之所以听不进去我说的,是因为彼此的经历不同,导致大家的认知水平存在差异。究其根本,其实是思维方式所决定的。

二

朋友小雅给我留言,讲述了她经历的一个职场故事。

小雅上大学的时候,跟其中一个室友是闺蜜,二人几乎形影不离。只是毕业后,小雅留在厦门工作,而室友回了老家。两个人多年没联系,但都在外贸行业拼搏。

有一次国庆节,二人在厦门相聚,聊起往事,感慨多年不见,彼此境遇不同,变化都很大。室友这些年混得不是很如意,她归因于自己运气不好,没什么好的机会,怎么努力都出不了头,工作快10年了,月薪仅仅提升到了4200元。而小雅如今已经是一家工厂外贸部门的负责人,年薪超过了70万元。

室友一直在抱怨,这么多年下来,都没碰到好客户,一直有一单没一单的,积累不了像样的客户。公司的业绩压力又很大,很难拿到提成,大多数时候都靠底薪过日子。

就在吃饭的时候，室友的手机响了，客户来电，让她更新报价单。她回复说，假期结束后回到公司会立刻做。

小雅随口问道，是不是产品比较复杂，报价单需要节后回到公司才能做？室友说，当然不是，其实随时可以做，只是不能惯客户这个毛病，动不动就在假期打扰我们，我们也要有自己的时间。

小雅很不解，做销售的，一旦客户上门，肯定要第一时间服务客户，怎么能把机会往外推？更何况室友如今的收入不高，正是缺钱的时候，这个态度怎么行？公私分明是对的，但也不可以绝对化。自己的核心价值和优质客户，都是靠时间和诚意积累起来的。

室友不以为然，认为好的客户、好的老板、好的公司都是凭人品、靠运气碰上的。运气不好，就只能屈服于现实，只能忍着，然后等待好的机会到来。

小雅给我写下这段故事的时候，感慨道，她如今已经快不认识室友了。她们后来聊了很多工作上的事情，每当小雅有什么建议的时候，室友都能找到反驳的话，还会用上讽刺加酸溜溜的语气。

小雅不知道应该如何帮助室友，她想给室友介绍个好点的工作，但又觉得室友很固执，什么建议都听不进去。

三

我给予的建议是，千万不要掺和别人的事情，哪怕这个人是你的好朋友。原因很简单，可怜之人必有可恨之处，可恨之人必有可悲之苦。

小雅的室友混得不太好，也许一开始跟机遇有关，运气不佳，也没有贵人相助，这种情况很正常。可若是连续十几年都没有起色，说她自身没有问题我是不信的。

如今这个时代，一个人在一个行业里工作了十多年，哪怕能力一般，经验、经历、资源也会有所积累，不见得一定很好，但一般情况下，肯定不至于太差。可小雅的室友十多年下来还维持着4200元的底薪，这就很能说明问题，因为人生路是自己选的。

如果小雅的室友能力出众，哪怕这里赚不到钱，也会在别处有所收获。她之所以停滞不前，还是自身的问题，不仅思维方式有问题，而且逻辑混乱，固执己见。

哪怕小雅给室友介绍了工作，也是吃力不讨好的事情。因为小雅的室友已经认定了小雅能有今天是因为家庭条件好，有老公支持，碰到了好老板，遇到了好客户。她不会承认是自己的思维认知有问题，她的一整套逻辑都是错的。

如果小雅的室友承认自己思维和认知有问题，那么她就要推翻自己这十几年来的工作习惯和认知方式，这谈何容易？所以大概率下，她根本无法适应新工作，只会继续找借口来安慰自己，认为社会不公，运气不好，贫富差距大，阶级固化……

听了我的分析，小雅是这样回复我的："您说得太对了，我就是担心自己动用了资源和人脉，介绍她去朋友的工厂当业务经理，最后她却不合适。做不好，朋友那边自然会怪我，室友回不去之前的公司，也会怪我砸了她的饭碗。"

小雅接着写道:"我们聊了很久,我真心觉得,她太自我、太固执了,什么建议都听不进去。虽然大家都是差不多的工作年限,但是我自问做得还可以,这就证明了我的思路和方法还是有点成效的。我建议她多看看营销类和谈判类的书,她觉得没用,说这个世界上没有人是靠读书发财的;我建议她多花时间去研究客户,她说她不是'狗仔',做这些没必要;我建议她自我增值,把写英文邮件的能力好好提升一下,她说这些不重要,很多人不懂英文,外贸照样做得很好。"

小雅最后感慨道:"我不知道该如何跟她沟通,我觉得我们再也回不到过去了。也许我们已经不再是好朋友,再也不会有联系和交集了。"

四

这就是问题所在,彼此立场不同,思维方式存在差别,也许无论你做什么,对方都会觉得你是在居高临下地指责,是站着说话不腰疼。

你希望改变对方的想法,改变对方的人生轨迹,但在对方眼里,这是他所有信念的基础,是他的思维逻辑,怎么可能让你撼动,从而证明他的现状不是社会,不是运气,不是家庭造成的,而是他自己造成的。

接触的事情越少,读的书越少,身边的朋友越少,就越难以理解这个世界的多元化。他们的思维就像装在一个四面都是墙的盒子里,到处都是边界,他们根本无法跳出这个盒子去思考,所以才会变得固执,才会认为答案只有一种。而实际上,同样的事情背后有十几个答案,有十几种解题思路。

在现实中,越是成功的人,我们越能感受到他们的谦逊。原因是能力越强,认知水平越高,思维方式越多元,反而越能感受到自己的无知和渺小,越能意识到这个世界上高手如云。

越是成功人士，越会不断学习，大量读书，注重自我增值和知识积累，这就是一种良性循环。当你放弃固执，愿意倾听和接纳别人的观点，愿意了解那些比自己强的人，愿意探寻问题背后的原因所在时，你看世界的角度就会变得不同，负能量和抱怨也会随之减少。

苏格拉底说过一句名言："我唯一知道的，就是我一无所知。"

当我们固执己见的时候，不妨静下心来想想，是不是正因为我们缺乏足够的经历，才看不到多面的结果。

一花一世界，一木一浮生。我们看到的并不是全部，我们坚持的或许有偏差。

不是别人挑剔,而是立场不同

一

朋友安娜最近十分苦恼,她给我留言说,她碰到一个非常挑剔、难搞、倔强的客户,一点小瑕疵对方都用放大镜挑出来,然后把小问题无限扩大。安娜谈了好久,对方油盐不进,适当补偿不接受,后续订单打折也不接受,一定要求全部退货,全额退款。

我当时正在吃饭,看到这则留言时比较疑惑,就顺手询问了安娜,问题出在哪里,究竟是什么事情让客户不依不饶。

安娜说,他们做的是工业配件,一款链条本来应该打的编号是73,但是工厂在生产过程中搞错了,打成了75。仅仅是编号搞错了,绝对不影响使用,品质也没有任何问题。但是客户执意不接受,一定要退货,同时要求全额退款。

安娜尝试了各种谈判策略,都没有进展,客户坚决要求退货,还认为安娜作为供应商,没有履行合同。

安娜憋着一肚子火来找我诉苦,觉得己方虽然有错,但这仅仅是很小的失误,绝对谈不上什么大问题。若因为这个很小的失误就要给客户退款,会给公司造成极大的损失,安娜觉得挺冤枉的。

为什么客户不能接受 500 美元的补偿呢？为什么不能接受下次订单 3% 的折扣呢？为什么在一件很小的事情上揪着不放呢？

二

弄清原委后，我的回复很直接：问题的大小是由客户来定的，而不是安娜。我们认为很小的事情，对方或许认为很严重；我们认为了不得的事情，对方或许觉得没什么。

每个客户对于产品或者服务的要求是不一样的。譬如买衣服，A 女生看重的是款式要新，B 女生看重的是价格要好，C 女生看中的是品牌商标，D 女生看重的是面料品质，E 女生看重的是折扣力度，F 女生看重的是重量要轻……

每个人对于自己的喜好都相当执着，是不容易改变的。你或许认为折扣不重要，重要的是品质和舒适感。但你的朋友就认为，折扣力度很重要，这也没错。

三

我给安娜举了个例子。

你从专柜买了一款香奈儿的手提包，大约是 65 000 元人民币，非常精致，从手感到品质，从感官到包装，都带给你无与伦比的体验。

但是不巧，这个包有一个很小的瑕疵，就是打开后，内兜里面的皮标上，香奈儿的商标拼错了，把 CHANEL 拼成了 CHANLE。功能不受影响，品质也完全一样，只是一个拼写的小错误，根本不影响包的使用和外观。别人甚至都看不见,因为隐藏在包的最里层。这个瑕疵你能接受吗?

我想你大概无法接受,你过不了自己心里那一关。你甚至会去店里投诉,花了6万多元人民币买的高档手提包,居然连基本的字母都拼错,还是香奈儿的商标名字,你坚持要换一个新的,或者要求退货退款。

这种情况下,香奈儿柜员跟你谈补救措施,如补偿你200元,或者给你一张代金券,你下次购物时可以使用,让你不退货,也不换货,你能接受吗?

我相信大多数人都会拒绝。因为购物体验不好,买个CHANEL的包,拿到手却是CHANLE,肯定会担心是假的。哪怕东西不是假的,也会影响购物体验,每次使用都会想起这件事,会对此有强烈的抗拒感。

四

而客户的立场也是如此。我们觉得仅仅是一个数字而已,73错打成了75,不影响使用。可站在客户的角度思考,他真的是在意一个数字吗?

也许数字的错误会影响客户产品的销售情况,会影响采购入库和电脑系统的品类管理,会因此出现一连串的问题。也许客户是中间商,他的客户根本不容许有这种低级失误,完全无法接受有错误标识的产品。也许客户特别仔细和较真,错了就是错了,一切要按照合同办事,该退就退,该换就换,不接受任何妥协。

我们认定的小事情,也许在客户眼里就是了不得的大事情,客户是不会妥协和让步的。

说难听点,这个订单都没给客户处理好,还谈什么下一单。一码归一码,如何解决问题才是客户当前最关心的。

只有把眼前的事情处理好，彻底解决了，赢得了客户的信任、理解、尊重，才有以后的生意，才值得谈以后。

五

《淮南子》有言："马先驯而后求良，人先信而后求能。"出现问题时，第一时间是要维持自己的信誉，给客户解决问题。

不是说谈判不可以，不是说做几套方案让客户选择不可以，而是所有的方案都应当建立在方便对方的基础上，而不仅仅是方便我们自己。

立场不同，思考问题的角度就不同，涉及的利益和相关的问题会影响我们的决策。所以当埋怨别人挑剔的时候，不妨扪心自问，是不是自己做得不够好，是不是自己陷入了思维定式，只想处理眼前的麻烦，并没有真正给对方解决问题。

我们还可以换位思考，当自己碰到类似问题的时候会挑剔吗？会介意吗？我们希望对方如何处理呢？我们想要什么样的结果呢？这么一想，或许就豁然开朗了。

职场上坚决不能做的一件事

一

跟一个朋友聊天，她谈到最近生意不错，自己的小贸易公司这两年逆势增长，原本的夫妻店模式有些应付不过来了。

她的想法是从老公司里挖曾经的一个同事过来。这个同事在老公司混得不怎么如意，收入也没有大的增长，所以对跳槽到我这个朋友的公司有很大兴趣，也明里暗里表露了想法。

于是朋友找我聊，想让我给她分析一下，把原同事招进公司的想法是否可行，究竟如何权衡利弊。至少在她看来，用熟人肯定顺手，这是好事情。

我这位朋友负责业务开发，她老公负责对接供应商，做采购和验货。而她的原同事有差不多十年的跟单经验，工作还算认真负责，性格也比较开朗，私底下还是她的闺蜜，如果招进来全面负责现有客户的订单管理，我朋友就可以腾出手，集中精力维护老客户，开发新订单。

她的原同事本身薪水一般，一年只有七八万元。若朋友多给一点，如十万元年薪，对方也会满意，这样对大家都好。我朋友想来想去，觉得这一步可行，成本不高，只是多支付一个人的薪水而已，风险也完全可控。

她设想的最坏的情况是，原同事能力一般，对公司的贡献并没有预期那么好。但即便如此,能损失什么呢,只是付给她的薪水比市场价略高一点而已,看在闺蜜的份儿上,这根本就无所谓。再说了,原同事工作的稳定性和忠诚度,怎么都值这些溢价。

为保险起见,我这位朋友想先跟我探讨一下,看看这个方案能不能马上执行。

我明白,其实她希望从我这里得到肯定的意见,希望我支持她的观点。但是很可惜,不管是作为朋友,还是作为商业顾问,我都得跟她说实话。也就是说,这盆冷水我必须浇下去。

二

我直截了当地表明观点,对于招聘自己的原同事进公司,我是持反对态度的。没有模棱两可,而是建议她立刻打消这个主意。

首先,招原同事进公司,原同事的能力和收入很容易被高估。因为距离产生美,毕竟不在一家公司共事了,大家变成了闺蜜,无话不谈,反而容易爱屋及乌,为对方收入偏低而抱不平,也愿意给她更好的机会,招其进公司一起工作。

你对原同事工作能力的认知可能还停留在几年前。那时候你自己或许也是"菜鸟",所以会与原同事同病相怜,一起抱怨公司,一起忍受偏低的收入。可自己离开公司多年,我们又如何判断自己在进步的时候,原同事的能力也会突飞猛进呢?

其次,一旦让原同事入职,双方的期望或许都会变得特别高。原同事会觉得,老板是我的闺蜜,肯定会给我不错的收入,给我丰厚的奖金,跟前公司比绝对是一个天上一个地下。如果你给他加薪 20%，或许对方也会非常不满，觉得你小气。

而自己这边，总会有那么点施恩于人的情感因素在，好像是你把对方救出火坑的。心想着只要我赚钱，也一定不亏待你，绝对让你的收入提升一个台阶。这样一来，在薪资上松了手，在工作和贡献方面就会对她有相对高的期望。如果对方没有达到自己的预期，接下来怎么办？

原同事觉得你小气，觉得你把他当普通员工对待，给的薪资并不高。而你或许觉得，原同事能力真的一般，这么多年都没长进，如今给他这样的薪水已经算大方了。

双方都没有达到自己的期望，都觉得自己付出更多，结果或许因为几件很小的事情，就会让合作破裂，闺蜜就会变成不相往来的陌生人。

再次，未来的管理叠加、职位设置会有很多的困难，不管是模式设计还是执行，都会有无数可以预见的麻烦。

比如，原同事入职的时候，公司在起步阶段，什么制度都没有，如今公司要严格管理，准备制定严格的考勤和打卡制度，能管得住原同事吗？我想大概率是管住不的。

因为双方是闺蜜，有多年的交情，老板很难对原同事严格执行考勤制度，处罚或者扣全勤奖的时候往往会睁一只眼闭一只眼。可这么一来，其他同事就会不满。制度执行还是不执行？严格执行，闺蜜会有怨言，也许会影响到两人的关系；不执行，或者部分执行，其他员工就会觉得不公平，管理就难以开展，制度就变成了摆设。

又如，原同事的能力或许某一天难以匹配公司的发展，很多年轻人、新人全方位超过原同事，这时候怎么办？薪酬架构和职位设置都会有各种问题。原同事作为主管，但是下属的能力远胜于她，这种情况下，彼此都会尴尬。如果名义上给原同事主管的名头，给予下属更高的薪水，那么原同事反而会更尴尬，也会滋生更多不满。

这时候怎么办？降职、降薪、清退，还是采用其他方式？要知道，让原同事来公司上班不仅仅是公事，其中必然会夹杂许多私人因素。请神容易送神难，这是管理者面临的最大难题，除非管理者决心放弃私人交情，公事公办，交情从此完结，失去这个朋友。

也许你没有想把原同事当成关系户，只把对方当成公司的普通员工，但是对方怎么想呢？会跟你想法一样吗？对方或许因为过去是你同事，跟你有很好的私人交情，所以一开始就抱有很高期望才来你公司入职的。如果你今日跟她说，她只是公司的一位普通员工，跟别人没有什么不同，你让她情何以堪？

最后，就是收入问题。公司刚起步时，一切都不是问题，如一开始的十万元年薪已经高于对方在原公司的薪水，她会很满意。

接下来呢？公司收入一般的话，问题还不大。可如果公司做得很好，盈利越来越好，那么原同事的薪水又该如何定呢？

也许你觉得，增长 10%~20% 已经不错了，不到两三年，原同事的薪水提升到 15 万元，已经算是对她特别照顾了。

也许你年收入已经数百万元，公司的几个主管都是百万年薪，原同事怎么会甘心拿那么点儿收入？尽管公司赚钱跟她关系不大，公司给她支付的薪水是通过价值来决定的，但是原同事未必这么理智。

一个人很难因为纵向比较而满足，反而会因为横向比较而不满。

大家会用调侃的语气谈论某位名人一年天文数字的收入，作为茶余饭后的八卦新闻，可要是原先跟你一样拿十几万元年薪的同事突然年入数十万元甚至百万元，你心里就会有想法，有芥蒂。这是人之常情，离自己太遥远的人，跟自己关系不大，无须过多在意。可如果身边的人——你认为与你不相上下的人，又或者还不如你的人，突然混得极好，你一定会觉得心理不平衡，甚至会做出一些不理智的事情来。

三

中国是人情社会，很难彻底把公私的边界分清楚。西方很多企业同样也有类似的问题。

我个人给那位朋友的建议是，若真的要招原同事进公司，如今肯定不是合适的时候。因为公司初创，什么都不稳定，对方或许能对现状满意，但是等公司发展起来之后，原同事的要求会越来越高，会认为自己是元老，是老板的闺蜜，理所应当获得更多。这样反而难以管理和安置她，不如等公司发展一段时间，一切稳定下来之后，再让对方以员工的身份入职，严格划分具体的职位和工作内容，明确相应的管理制度和薪酬模式，这才是更优的选择。

只要是人，就会有名利之心，就会比较。我们常说可以共患难，不能共富贵，就是因为富贵之后就容易心态失衡，分多分少都会觉得不公平。你觉得给多了，他觉得拿少了，裂痕就会出现，就会影响到工作。

在《孟子·尽心上》中，孟子说："非其有而取之，非义也。"这句话是说，不是自己的东西却据为己有，这是不义的行为。可每个人真的能分清边界吗？能弄清楚自己付出多少，应该收获多少吗？能明白不应该多拿多占，收入应该根据自己的贡献来分配吗？

非常困难。越是有私人交情，就越难公事公办，因为难以执行制度和进行管理。

我还是那句话，如果私底下真的是特别要好的朋友，就最好不要跟对方一起工作。有些事情，只有防患于未然，才能把那份情谊长久地维持下去。

奔流到海不复回

出自 —— 李白　《将进酒》

Chapter
03

Chapter 03
奔流到海不复回

人生没有延迟满足

一

小时候家教甚严,除了从两三岁时拍的一张老照片中能看到我背着一把电子枪外,从记事起,我很少有过玩具。那时候我很羡慕其他小朋友,他们有变形金刚、奥特曼。每每跟父母提出购买要求,父亲总是说:"长大后你想买多少玩具都行,小时候老是玩这些东西能有什么出息?"

我的童年是跟书本为伴的。从唐诗到宋词,从《千字文》到《三字经》,从四书五经到魏晋骈文,从《文心雕龙》到《古文观止》,永远有读不完的书,不知要多少年后才有机会摸一下玩具。

我的英文功底也是从小打下的,虽然家境一般,但父亲还是给我找了人民大学退休的一位老教授,每周给我上三次课,手把手教我英文。这就是我回忆童年时能想到的片段。

这么多年过去了,如今我能成为半职业作家,还能出几本英文类的书,跟从小打下的基础是密不可分的,这是事实。可我想说的是,尽管得到了这些东西,可失去的快乐,失去的满足,已经回不来了。孰优孰劣,孰对孰错,根本无法界定,也难以解释。

如今哪怕我可以买得起儿时所有想要的玩具,甚至连一些限量版的手办都不在话下，可我现在真的需要这些吗？他们还能满足我的需求吗？其实已经不能了。哪怕如今我真的去买了，也只是为了圆儿时的一个梦，只是自我安慰，并没有任何满足的成分在内。

二

上中学时，同桌学习成绩很棒，是班里的尖子生。但是他很苦恼，因为他一直想学声乐，学习美声唱法，考音乐学院。但是他的父母极力反对，父母认为艺术这条路最终能走出来的少之又少，还不如学数理化实在。如今辛苦一下，等考上好大学就没有高中那么辛苦了，到时候可以再学声乐。

等到了大学，这位同学发现课业压力并不小，还要提升各方面技能，为求职做打算。在这期间，要写论文、做课题，要参加实习积累经验，兴趣嘛，只能先放放，以后工作了，自己能挣钱了，再找老师学习吧。

可工作后他发现难度更大了，甚至根本没有时间考虑这些理想化的东西。要为生计奔波，为五斗米折腰，担心被裁员，害怕收入减少，只能拼命钻研自己毫无兴趣的审计工作，通过拼命加班来换取机会。

日复一日，他的经济条件逐渐好转，在上海已经买了两套房，可如今的他反而更迷茫。快奔四的人了，还应该去学声乐吗？这时候再去学，已经没有任何动力，也没有当时的心境和兴趣了。

延迟满足，真的能满足吗？

三

香港 TVB 有一位老戏骨，我们几乎能在 TVB 的所有警匪片里看到他，他总是出演高级警官，被外界称为"TVB最强老外龙套"。

他是澳大利亚人，叫Gregory Charles Rivers，中文名叫河国荣。他在悉尼时是医学院的学生，因为迷恋张国荣，怀揣"歌星"梦而中断学业，靠打工存了点钱，买了张单程机票飞香港，做了"港漂"。

一个外国人要在香港歌坛成名，谈何容易？哪怕粤语再好，唱功再佳，都不具备优势。20世纪八九十年代的香港，群星璀璨，前有许冠杰、谭咏麟、张国荣，后有"四大天王"，河国荣只能屈从于现实，做了所有"老外"都能做的工作，那就是去补习学校教英文。

机缘巧合之下，香港无线电视台需要一个能讲粤语的白人演员，河国荣成功应聘，在大量的连续剧中饰演有几句台词的配角，一演就是二十年。

二十年后，早已年过不惑的他，重新拾起自己喜欢的音乐，租录音棚练歌，这或许仅仅是为了兴趣，为了不给自己留遗憾罢了。

这份延迟满足能给他带来满足吗？我认为不能，更多的只是对于年少时梦想的一种补偿。

四

如果可以选择，我真心建议，许多事情要享受当下，因为当下那一刻的体验才是最珍贵的。不要为了一个虚无缥缈的延迟满足，不断压抑自己。

内心的需求在不同的阶段，标注的价格是不一样的。儿时得到一辆小自行车所获得的满足感，也许会远远超过如今买一辆奔驰车。

延迟之后，满足感就会下降，延迟的时间越久，满足感下滑得越厉害，下滑到最后就变成了无所谓。

古人说，破镜难以重圆。失去的东西，在失去的那一刻就已经翻篇。哪怕失而复得，也永远回不到最初的模样，记忆深处的种种美好反而容易被轻易破坏。

"往事越千年，魏武挥鞭，东临碣石有遗篇。"有些事情，有些机会，有些故人，错过了就是错过了，不会再回来，也不要奢望能回到从前。延迟满足只是那一刻的期盼，一种安慰罢了。

人间忽晚，山河已秋。

有一种累叫倦怠

一

我时常会陷入一种低迷的状态，什么事情都不想做。邮件不想回复，订单不想处理，文章写不出来，工作没有动力。但是我又无法完全停下来，心里像有一团火，灼烧得我难受，却不知道该如何降温，如何处理。

我心里明白，这个时候最好是放松一下，如看看美剧或者出去旅行几天，调整一下心态。但每次这么做的时候，我心里并没有觉得放松，反而充满负罪感，好像是在逃避，自己都无法说服自己。于是就出现了一个怪现象——订了机票，换了城市，住进度假酒店，但无心游玩或欣赏景色，只是窝在酒店房间里对着电脑埋头工作。

理性的我知道，这其实就是工作倦怠期，长期工作碰到了困难和瓶颈，需要暂停一下，调整心态，好好放松。因为在这一阶段，工作效率会非常低，内心的抵触情绪硬逼着自己努力，没有足够的动力和理由说服自己，往往效果极差。

大道理我都懂，说别人的时候，可以有理有据、侃侃而谈，但一旦到了自己身上，就是另外一回事了。我会变得敏感、脆弱、易怒，陷入反复的自我怀疑中，纠结努力是否有价值，或者认为自己做的都是无用功。

例如，跟进一个客户整整六个月，最后前功尽弃，哪怕表面云淡风轻，装得豁达，内心深处的失落感却很难为外人道。

再如，一本书的整个章节已经写完，三万多字的内容，外加图表。但自己越看越不像样，最终全部删掉，那种无奈的痛楚同样铭心刻骨。

二

后来我慢慢适应和理解了这种情绪，每次到了倦怠期，我就跟自己说，我的工作还可以，做得并不差，但每个人都无法长期维持高效率，一定需要调整，如今的回调是为了接下来更大的进步。蓄势才能发力，拳头收回来，才能继续打出去。一松一紧，一张一弛，才符合科学逻辑。

以长跑为例，我们需要有起步时的发力抢道，需要有中段的呼吸调整，还需要有最后的全力冲刺。每个阶段的体力并不是平均分配的，而是要根据自身的情况和对手的状态，随时做出相应的改变。

再如，股票一定有涨跌起伏。哪怕大势往上走，也绝对不是一条线一路向上，也会有起有落，有技术调整。这期间有人坚持，也有人放弃，最终结果如何，在当下这一刻都是未知的。

低谷并非不能忍受，倦怠的根源或许是这段时间日子归于平淡，成绩不突出，受到了不小的挫折；又或者是被别人的成功所刺激，从而出现自己无比讨厌的负面情绪——那种发自内心的抗拒感。

这时候逃避是没用的，因为事情一直存在，并非逛逛街就能消弭，也并非看一部电视剧就能忘记。逃避反而会引起更大的压力。

后来我慢慢懂得，有些事情无法解决，就要学会和它们共存，学会向不好的情绪妥协。接受这种不完美，接受自己明知道该做什么却提不起劲的状态，生活自然会逐渐好转，回到原来的样子。

三

认真想想，倦怠期并不可怕，可怕的是不知道如何处理。如果时时刻刻给自己挑刺，自己终有一天会迷失方向。可事实上，前面的路没有想象中那么窄，可能是地阔天长，一马平川；竞争对手没有想象中那么强，他们也可能丢盔弃甲，随时投降。

倦怠不是偶然现象，而是一种正常的情绪，必然是如影随形。再坚强、再乐观的人，也会有自怨自艾的时候，也会有潸然泪下的场合。我们要做的，是接受和明白，我们无法拥有一切，我们无法让自己成为想象中那个完美的人。

让情绪一直保持很好的状态，这不现实，我们也办不到。我们只能在事情发生之后坦然面对，从容解决，哪怕再苦再累再难再痛，无法笑着面对，也要允许自己伤感伤心伤神伤痛，可以慢慢消化。

《古诗十九首》中有"生年不满百，常怀千岁忧"的感叹；古龙在小说《七种武器》中写道："离别是为了相聚。只要能相聚，无论多痛苦的离别都可以忍受。"

或许，倦怠只是为了提醒我们重新审视过去的工作和生活方式，到了快突破瓶颈的时候，就需要重新思考和研究方向。

接受不完美，允许不开心，理解不如意，才能真正快乐起来。

为什么你总跟机会擦肩而过?

一

"冰哥,我感觉我运气糟透了,总是一次次错过机会。做外贸赚钱的时候,我去搞电商了;后来做电商开始赚钱了,我又回去做外贸了。2005年的时候家里要给我买房,我觉得还年轻不用着急;2008年的时候,我觉得房价已经开始下行,不如先拿手里的钱做生意;2012年要结婚了,手里的钱根本买不起像样的商品房,就买了商住公寓,入了坑。如今8年过去了,商品房的房价涨了快三倍,我的公寓还没动静……"

这是一位朋友给我的留言,字字诛心的血泪史。他觉得自己十分倒霉,连续错过机会,从来没选对过,每一次都是踌躇满志,但最终总是踏空。如今他在职场快15年了,依然一事无成,"三十而立"的口号早已变成了过去时,他对未来愈加迷茫。

他反复强调,他不是不努力,也不是安于现状,但就是少了那么点运气。他读书的时候成绩不错,毕业后找工作也顺利,工作能力也被领导赞赏。可这么多年下来,看着别人升职的升职,创业的创业,买房发财的也大有人在,自己怎么就没那个命呢……

其实一开始,对于他的情况,我已经隐隐有了些判断。跟他的进一步沟通,只是为了确认一下我内心对他的猜测。结果毫无悬念,我的判断没错。他之所以在职场十几年都混不出个样子,我用9个字可以总结:不学习,很偏执,借口多。

二

先看第一条,不学习。

这一点,他是不同意的,他觉得自己有点才华,每天都看新闻、看公众号,也会买书看,阅读量不小。再说了,他还注重提升工作中的技能,会学习产品,钻研业务,了解市场,分析趋势,怎么能说不学习呢?

很可惜,我想说的就是他这样的人,容易在"能力陷阱"中过度高估自己。他觉得这些东西自己都懂,平时也在学,工作很努力,根本不应该比别人差。

因为他有点才华,有点能力,就更加容易带着批判的眼光看别人,用挑刺的方式审视别人的成绩,得出的结论往往会有很大的偏差。

有些人有自知之明,知道自己资质平庸,能力不强,就特别虚心好学。别人英文溜,他们会凑上去请教怎么自学;同事懂产品,他们会拉下脸面勇敢讨教;上司很严厉,他们会很认真地汇报工作。这些人如一张白纸,而且知道自己是一张白纸,反而比较容易塑造,容易主动学习和积累,慢慢闯出自己的一方天地。

而有点知识和能耐的人,往往将三分能力当成八分,觉得知识储备足够,技能水平也不缺,对于别人靠学习取得的进步,他们不会认同。他们会觉得别人的进步是侥幸,是运气……有这样想法的人往往会迅速进入第二个循环,就是"很偏执",如前文中提到的我这个朋友。

三

别人外贸做得好，他不认为这是人家靠拼搏得到的，反而觉得是人家命好，有个好老板，工资给得多，提成也优厚，别人自然拼命做，这是良性循环。他这边就不行了，产品一般，老板抠门，接单困难，也就这样了……

他永远不会承认，是自己技不如人，是别人真的比他强大，是这个世界变化太快，他自己落后了。如果他这样想，那么他的整个信心和信仰体系就会彻底坍塌。

正因为不学习，所以越来越偏执，只相信自己的观念正确。也因为越来越偏执，就更加不可能放下身段去学习，因此逐渐跟其他大步向前的人拉开更大的差距。

这个朋友之所以混得不好，真不是他自己认为的"运气一直很糟"，而是他根本没有认识到，是因为他自己认知的欠缺、能力的不足，再加上自视甚高的固执，才有了今天的结果。

放弃外贸做电商，是因为他自认为可以走捷径；放弃电商做外贸，是因为他自认为还能回得去；当初不买房，是因为他觉得将来可以赚更多，不用急；后来买商住公寓，是因为他觉得价格比商品房便宜，能下手。其实所有的一切，不存在运气成分，对他而言，都是他自己的选择，都是他走的路，自己的人生自己要负责。

外贸做得一般，但是他认定自己都懂，有十几年经验，没什么好学的。学习是新人才需要的，什么系统化、模块化学习，跟他没关系。电商做不起来，他认为是时代不好，是自己错过了机会，他不会相信这里面同样有大学问，不是他想的那么简单。

四

混得不如意，其实是学习不足、思维偏执的结果，但是我这个朋友不会承认。他只会埋怨别人，埋怨世道，给自己的无能和认知的低级找无数似是而非的借口。

买了商住公寓，多年套牢在手里，看着商品房价格噌噌上涨，自己的公寓不仅没涨，原价都很难脱手。他不认为是因为自己眼光和逻辑存在问题，反而言之凿凿："如果有钱，我也想买商品房，谁买公寓？"或者说："谁想拿辛苦赚来的钱去买 80 年代的老破小？"

凭什么别人通过努力换来的住好房子、好小区，享受好的园林景观和配套设施，而被你说成轻而易举？

凭什么别人辛苦十几年换来财务自由和时间自由，可以从容遛狗，从容逛街，从容喝下午茶，还要忍受你的风凉话？

凭什么你就认定自己很努力，付出很多，别人只是运气比你好，才比你混得好，比你赚得多？

这样的思维和心态，实在太扭曲了。我相信运气成分的存在，但我更相信不断提升自身能力，不断学习和进步的作用。人生的路自己走，每一步都算数，你想要什么样的机会，就自己去争取，而不是希望别人把机会送到你手里。

大多数情况下，不是你错过了机会，而是你眼高手低，高不成低不就，但能力就那么一点点。

五

你或许会发现，越是强大的人，越是温柔敦厚、谦和自然，不会红脸，也很少抱怨。平时他们谈笑自如，哪怕有些不快，也会轻易翻过，并不会反复纠结在毫无意义的细枝末节上。他们不会轻易动怒，也没有满身的暴戾怨气。

他们之所以强大，是因为他们善于放下身段去学习别人的优点，善于用空杯心态接受各种知识，不会轻易否定自己不确定的东西。他们时刻愿意接受新鲜事物和新的观点，很少嘲讽或抱怨自己得不到的东西。

如果你觉得自己因为运气不好，生不逢时，一次次错过机会，所以过得不容易，那么我想说，其实你没有错过机会，而是这些机会根本就不属于你，就算送到你面前，你也抓不住。你没有做好充分准备，没有全面提升技能，没有长期打磨和苦心经营，没有不断学习和自我增值，好运怎么会降临到你头上？

机会不是别人给的，而是自己挣的。

有些事情做了便回不了头

民国时，袁世凯的次子袁克文写过一句名诗："绝怜高处多风雨，莫到琼楼最上层。"婉转自然而又巧妙地规劝父亲莫要称帝，有些事情做了就回不了头。可在那个时候，大哥袁克定掌控着言论渠道，呈递给袁世凯的都是规劝其登基称帝的文章，导致袁世凯误以为民意可用，结果搞了一场洪宪闹剧，后又灰溜溜地退位。

其实袁克文这句诗给我的最大感触是"适可而止"。

人生有太多的无奈、困惑和纠结，都在于不知道什么时候应该停下来，哪些事情需要踩刹车。

别人有的东西我们没有，想要；有了以后还想要更多，心烦。大部分人在这个怪圈里一直奔跑、追逐，但从来都不明白，自己究竟在跑什么、追什么。

人的贪欲本来就是无止境的，想赚更多的钱，想要更好的工作，想买更多的东西，想住越来越大的房子……可扪心自问，我们是真的需要还是自认为需要？

除了物质这块，我同样不建议大家在精神上过于纠结，探索虚无缥缈的意义，否则大家会看不到生活的本来面目，一直沉浸在自己的世界里走不出来。

拼搏是对的，思考也是对的，但做个脚踏实地的"俗人"更好。

"会当凌绝顶,一览众山小",这是杜甫的世界。对我们普罗大众而言,有令人满意的工作,有温暖的家,有爱人和亲人相伴,有三五好友,这就是世界。若贪心不足,一山还望一山高,痛苦的只会是自己。

三个"后悔没有早知道"的人生建议

有个朋友问我:"如果只能给三个'后悔没有早知道'的人生建议,你会给哪三个?原因是什么?"

这是超级好的问题,值得深度思考。这篇文章就是我给他的答案。我整理成文字,希望给更多的读者一些实实在在的内容,也希望大家可以用心思考和衡量自己的现状。

我们每个人都会在事过境迁和时过境迁后才有"早知道"的感慨,才会觉得,很多事情仿佛在某一瞬间突然明白过来,但时光已然回不去。谁又能在当下突然想明白也许很多年后才会想清楚的事情?

例如,早知道的话,就在做外贸之初好好学习毅冰的书和课程,快速入门,早学早受益,少走弯路,节约大量摸索的时间。结果,没有早知道,少赚了数百万。

再如,早知道的话,就在很多年前果断买房,不观望,不听信亲戚朋友的胡乱建议。结果,没有早知道,又少赚了数百万。

又如,早知道的话,就不该回老家,在老家的工作环境和氛围下根本找不到机会破局,找不到自己发展的一席之地。结果,没有早知道。如今哪怕知道了,还是左右为难,不知道接下来该怎么办。

这个世界上并不存在那么多的"早知道",没有试错的经历,又怎会知道对错,怎会有更好的选择?人生没有那么多"如果",没有办法重来,假设性的事情是不存在的。我们只有经历过、尝试过、伤过、痛过、走过弯路,才能明白对与错。但这个时候或许已经错过太多,或许已变得遍体鳞伤,这就是成长。

"功名梦断,却泛扁舟吴楚。漫悲歌,伤怀吊古。烟波无际,望秦关何处?叹流年,又成虚度。"

关于"后悔没有早知道",如果只能给三个建议,以我经历的事情,我会给出以下三个建议。

第一,不要过分迷信努力的重要性。

方向比努力重要,选择比努力重要,思维比努力重要,学习比努力重要,有很多东西都比大家认知中的"努力"重要百千倍。只是在整个过程中,努力也一定是如影随形,不能缺少的。

大家千万不要认为自己不够成功,没有达到预期,是因为努力不够。很多时候大家是不同赛道的竞争,起点不同是没有可比性的。就像再好的赛车也无法跟飞机拼速度,再好的飞机也无法跟火箭拼速度。不同的领域有不同的核心价值,比较是没有意义的。

我们常常会被自身的眼界所限制,被身边人的行为方式所影响,会因为不同的环境而形成不同的价值观和思维方式,会觉得真实的世界就应该是我们理解和认识的样子。好比入行之初,很多人跟我这么讲:"做外贸,底薪收入不重要,都是靠提成;做外贸,公司大小不重要,都是靠自己;做外贸,平台好坏不重要,都是靠能力……"换作今天,我或许会一个耳光回敬过去,告诉他们:"自己不明白,就别在这里误人子弟!"

玩笑归玩笑,我只是想说,努力不是万能的,必须不断自我增值,优化工作流程,迭代思维方式,一次次撕裂自己,重新构建技能树,而不是努力却重复着机械的工作,维持僵化的思维方式而不加改进。

总之一句话,不要做行动勤奋但思维懒惰的人。

我前段时间写过一篇文章,大致意思是说,不要认为把大量时间耗在一件事上,足够努力,就能产生相应的价值。付出和所得是两回事,并没有绝对的正相关性。

譬如,你母亲做了几十年的饭,一定能打败年轻的米其林厨师吗?不一定。你睡了几十年,经验丰富,会变成睡觉大师吗?不会。

别人是做了详细幕后工作后的精准开发,而你是复制粘贴后不断群发,制造垃圾邮件,这种情况下,哪怕你再努力,花再多时间,结果都不会逆转。

努力只能让你过得下去,但无法保证你过得很好,无法保证你成功。成功需要在努力的过程中,不断优化技能,不断更新思维。

第二,学习是终身的事情。

很多人在大学毕业后进入工作岗位,工作多年都没看过几本书。有人会说,工作很忙,下班后很辛苦,需要做家务,还要照顾孩子,哪有时间学习?而且学习也不是立竿见影的事情,是没有办法立刻改变现状,增加收入,及时给自己变现的。

这种想法从某种意义上讲是有几分道理的,但是过于功利了。

通过一本书，我们能接触到作者的想法和经验，观点和特质。一杯咖啡的钱，也许就能获取别人一辈子钻研和琢磨出来的好东西。

我们会发现，许多知名人士都有大量阅读的习惯，每天再忙都会翻几页书，一有空闲就要阅读。别人身居高位，日理万机，难道不比我们忙？我们凭什么说自己没有时间？这都是给自己的思维懒惰找借口。

三人行，必有我师。我们要学的不仅仅是跟工作有关的内容，更多的是为人处事的方式，解决问题的能力，谈吐和气质。除此之外，还要学习如何终身学习。

前段时间偶尔得知，我年龄最小的学员当时正读初三。这个发现让我很惊讶，初三的孩子学什么外贸方面的内容，貌似太早了，也没必要。

了解了情况后获悉，他只是偶然在网上发现了我写过的一些文章，通过论坛看到我的一些帖子，然后搜索了我的相关信息，发现我出版过几本书，还在做米课在线课程，就索性一股脑儿都买了。

一个初三学生怎么会有兴趣了解外贸方面的内容？明明还有很长的时间才会步入社会，为何现在就开始学？很多工作许多年的外贸人或许还在犹豫，可这个初中生已经会核算成本，还得意地算给我听。

如果投入 4000 元不到，系统化地学习书和课程，学到一些观点和想法，可以让自己成熟一些、见识增长一些，就是划算的。这笔钱相当于一次旅行的费用，但是可以节约大量的学习时间。

如果买砸了，就算自己投资失败，这个损失也不大。因为如果在网上看各种资料，还需要去甄别内容，学错或者白学，时间成本更大，带来的损失更高。一分析就决定入手了。

这种抽丝剥茧的思维方式真的是惊到我了。大多数工作多年的人，还不如这位初三小朋友考虑问题有逻辑。

由此可见，任何的借口都是徒劳的。穷不是借口，穷才需要学习，否则如何进步？

我工作的时候也很穷，没有钱上各种课，但是起码书还是买得起的，于是我开始自学。我的德语和法语都是自学的，尽管水平不怎么样，但是基本的沟通和发邮件没什么太大问题。

如果不学习、不进步，就难以跟别人竞争，工作机会就会减少，就可能形成恶性循环。你花大把时间努力，或许方法远不如别人，也缺乏专业化的引导，结果一天的产出还不如别人一小时多。

市场经济遵循优胜劣汰的自然选择。你的价值决定了你的未来，也决定了你的收入。如果你不学习，空长了年龄，空长了肥肉，以后一代一代的年轻人都会成为你的老板、你的主管。哪怕你不失业，也只能为了一份底薪而拼命工作，不敢要求加薪，不敢请假，不能抱怨，什么事都要自己扛着，也没有多余的时间照顾家庭。

第三，大城市必然拥有更多机会。

关于这一点，一定会有很多人反驳我。但是，曾经沧海难为水，有足够的经历才有资格谈自己过往的体验和切身感受。否则仅凭想象，加上道听途说的内容，又能有几分说服力呢？

说实话，我从来没见过身边任何一个朋友，在大城市怎么都混不出来，回小城市就一飞冲天，创业成功了。我身边没有一个这样的案例。当然，靠家里的不算。

我有个学员，在深圳工作了两年多，觉得很辛苦，压力很大，看不到希望，于是在家人的怂恿和一再要求下，回到了河北老家工作。她当时想的是，收入低一点没关系，起码工作稳定、生活简单，离父母也近，方便照顾。可回去后她发现，她根本融不进家乡的生活，她的思维方式和工作经验与家乡的慢节奏格格不入。深圳高速发展的氛围，在老家完全感受不到，这里工作机会也少得可怜，连像样的外贸工作都找不到，不是她用心或者努力就能改变现状的。

哪怕自己想创业，弄个小贸易公司，老家这边的供应链也不具备条件。仅有的一些可以做出口产品的工厂，思维意识也落后了十几年。差距太明显，她觉得难以沟通，更别提合作了。

难得有一些还算不错的岗位，也都被关系户把持着，根本轮不到自己。就算按照父母的想法，去考公务员，进事业单位，就算最终考上了，那又如何？她的能力和情商不见得在这个领域吃得开，或许依然只是领份微薄工资度日。

她后来考了教师资格证，在当地的公立学校当了一年的英语老师。拿着深圳1/4的薪水，她心里一直不开心，找不到自己的价值和方向，于是她来问我，是否该回到深圳工作，继续做外贸。

我问她："你喜欢老家什么？"

她思索良久后回复我："一是房价的确很便宜；二是离父母近一些。"

"那不喜欢的呢？"

结果她大吐苦水，一说一个半小时还没停。

我打断她："你心里已经有答案了，不需要来问我了，不是吗？"

她愣了一下，随即告诉我，她决定回深圳，哪怕一切归零，从头做起，哪怕做业务助理，她都愿意。

时至今日，距当初她找我聊天已经过去好多年，她现在已经是一家贸易公司的合伙人，年入上百万元，在深圳刚买了房。再说起当年的事，她感慨道，早知道一开始就听我的建议，不回老家，留在深圳。现在虽然一切都有好转，但是兜兜转转浪费了几年时间。若是没有回去那一段插曲，也许她在深圳早已买了第二套房，把父母接过来了。

当然，这只是个案，我从来没有说所有人都适合去大城市工作，具体还要根据个人情况选择。

有些人喜欢简单舒适，喜欢离家近，那么选择小城市不错。

有些人喜欢拼搏，希望改变人生，那或许大城市更佳。

大城市人才和资源聚集，竞争更激烈，但也会给普通人家的孩子奋斗和争取的希望。这条向上的通道，没有彻底关上。

会挽雕弓
如满月

出自／苏轼
《江城子·密州出猎》

Chapter
04

提高时间利用率的原则

我们总是抱怨没时间，没时间学习，没时间读书，没时间健身，没时间旅行，没时间陪家人……好像自从工作以后，时间就越来越少，往往下班回去后没做什么事，就到了睡觉时间。想读本书，看部美剧，进修一下，都很难办到。

有的时候我们甚至会疑惑，都是 24 小时，为什么有些人可以做好多事情，完成好多工作，还能健身、钓鱼、看书、进修、旅行、带娃、逛街、购物、烹饪、聚餐？好像这些人的时间是无穷的，一天有 48 小时甚至更多，否则怎么能完成这么多不可能的事情？难道有三头六臂，还是像孙悟空那样，可以变出无数个分身？

这就涉及时间利用率的问题。如何提高效率，展开可以写一本书，这里就不赘述了。我只简单谈一谈如何放弃浪费时间的事情，或者说，如何让低效率的时间利用离你远去。

其实用一句话就能说明白：定期扔东西，给生活做减法。

一般而言，不管是租的还是买的房子，随着时间的推移，大多数人家里的物件会越来越多，收纳的空间越来越小。每次搬家不堪重负不说，平时也总被各种东西占据太多时间。

举个例子，你需要一把指甲钳，在抽屉里翻了十几分钟才找到。抽屉里还有什么呢？一堆乱七八糟的杂物，如零钱、各种票据、衣服的吊牌纽扣、多余的一次性筷子、笔、本、充电器、耳机……如果是女生，还会有各种小物件。

结果就是，你每次找东西都需要耗费很多的时间。而找东西的过程中你又会发现某些东西或许能用，拿出来再看看，同样会耽搁不少时间。虽然量化到某一天，这些时间可以忽略不计，但是一整年下来，被浪费的时间会让你觉得可怕。

我们爷爷奶奶那一辈，经济条件差，大家都节俭惯了，什么东西都不舍得扔。吃一盒饼干，会把铁盒留下来；喝一罐奶粉，会把罐子留下来；哪怕买衣服的包装纸、看过的杂志，都要专门存下来；穿不上的衣服也会先放着，看看能否送人；就连用过的电池都不舍得扔。这是时代造成的，物质过于匮乏的时候，人们愿意什么东西都留着，以备将来用得上。久而久之，家里就变成了杂物仓库。

可如今情况不同了，大家家里的东西不是太少，而是太多了。去银行办一次事情，可能会签一堆单据，这些单据其实没必要拿回家，如果当场确认没什么问题，直接撕掉就好了。一堆的打印资料其实没有必要放在家里，后期也不会看，每次整理东西的时候还要翻一下，看看这些文件有没有用，反而浪费了不少时间。

每个人每天需要用到的东西真的不多，一双手就能数得出来。很多东西或许根本就不会再用，哪怕担心以后可能需要，但为了一个不确定的可能性浪费了大量的空间资源和时间资源，值得吗？

像我太太，她就有太多的衣服，衣帽间和衣柜都装不下。我相信很多女生都有这样的烦恼，所以会用整理箱，或者拉杆箱，把一些不穿的衣服收纳起来，等需要的时候再拿出来。

但是我太太经常纠结的问题是，这件衣服还要不要？明年会继续穿吗？那件衣服好像不太好了，扔掉有点可惜，要不先放着？就这样，衣服越来越多，第二年拿出来，东看看西看看，还是不想穿，继续放着，以后再说……

后来我就跟她说，夏天的衣服只能穿一季，到了第二年，基本上不会拿出来穿，所以这一季过了，不如全部处理掉。既不占地方，又节省整理和甄别的时间。时间成本太高了，不如第二年直接买当季的新款，永远保持衣服是最新的。

另外，基本不买或者少买打折货。浪费一下午时间挑选，最终勉强挑几件不是特别喜欢的买下，只是为了一点占便宜的感觉，这样太浪费时间了。还不如选择新款，从头到脚买几身，直接搭配好就搞定问题了，平时也不用考虑怎么搭配衣服。虽然表面上是花了更多钱，但是秉承少而精的原则，买好的品牌，一个夏季从头到脚十几套也就够了。T恤多洗几次容易洗坏，那就随时买新的，不囤货，把大量时间解放出来。

我不太赞同日本人那一套断舍离的生活态度，我认为，社会的发展一定需要人类对物质有更多的追求，喜欢更好的东西，购买更好的东西。有追求，才有奋斗的目标。为了少而少，为了断舍离而断舍离，什么都不想要，没有物质追求，那样很容易丧失奋斗的动力。

我们可以过得简单自由，也可以舒适、精致，追求更好的东西，这是我们用心工作和努力奋斗的回报。

君子爱财，取之有道。希望过得更好，本身就是很好的目标，没什么不好意思说出口的。只是在实现的过程中，我们不能浪费时间。时间不是不够用，而是莫名其妙溜走了，被各种乱七八糟的事情给占据了。

不囤东西是节约时间最核心的一条。别想着以后可能会用，我敢断言，三个月内都不用的东西，你放两三年可能也不会用到。

定期清理抽屉，清理文件、票据、杂物、衣服，这不光是为了当下这一刻腾出空间，而是为了节约接下来寻找、搜索和思考的时间。这样做带来的价值，或许会远胜找旧东西所付出的沉没成本。

不求多，在力所能及的范围内少而精，从而减少纠结和犹豫的时间。

如何做好时间管理？

"时间管理"这个词，由于娱乐圈某位艺人的八卦新闻被提上热搜，引起诸多讨论，一度刷爆了朋友圈。很多人给我留言，希望我能写一篇关于时间管理的文章，供大家学习。

我之所以没在那个阶段写这方面的内容，是因为不想蹭热点写流量文，不想引用同样的案例，使用差不多的图片，连评论、观点和调侃都几乎一致，那是非常无聊的事情。除了带来大量的阅读量，引起争议话题，又能得到什么呢？

现在这个热点过去了，我反而愿意抽出时间专门探讨一下时间管理的话题。这是个很大的课题，有无数的学术论文，有大量专业人士的研究，同样也有不少这方面的畅销书。对于其中的内容，我相信每个人都有自己的看法和衡量标准，我不做评论。我仅谈一谈自己在日常工作中是如何做好时间管理，完成多线程工作的。

这十几年来我写了十几本畅销书，保持着高质量的公众号文章更新，在米课做外贸类在线教育课程，有自己的贸易公司，也经营着自有品牌，还维持着庞大的阅读量。我自认为在时间管理方面，自己做得还不错，有那么一点心得体会。在我看来，三句话就可以把"如何做好时间管理"这个课题讲透。

第一，把要做的事情随时划分优先级。

这是先与后的问题。事情永远做不完，永远会有新的事情冒出来。我们需要明确的是先做最重要和最紧急的事情，然后把不重要和不紧急的事情顺延。

不管是四象限分类、青蛙理论，还是其他名词术语，无论怎么换说法，本质上都无法逃脱"优先级划分"这个原则。这对于提高时间利用率是非常重要的。

第二，提高碎片时间的利用率，避免无谓浪费。

每个人每天都拥有24小时，这是无比公平的。差别在于，对于时间的利用，每个人获得的价值各不相同。

除了按优先级划分工作外，我们还需要特别注意对碎片时间的利用。

也许你工作很忙，根本没时间看书，但如果把每天上下班的路上玩手机、看新闻的时间用来看10页书，应该不难吧。

也许你家务繁重，但是在做家务的时候戴上耳机，边做事边听一下英文，为自己创造英语语境，应该也不难吧。

我写文章、写书，但是很少有人知道，我的文章和书很大一部分是我在出差路上完成的，如去机场的出租车上，候机过程中，飞机和高铁上……我没有像很多人那样发呆，或者玩手机，我把这部分时间全方位地利用了起来。

第三，提升专注力，提高单位时间工作效率。

时间管理的最后一步就是提升效率。我的理解是，对于重要的工作，一定要在最短的时间里集中完成，而不是反复被各种事情打断，不断被分散注意力。

举个例子，我写这篇文章的时候，我给自己的安排是 30 分钟内必须写完，最好控制在 20 分钟以内。因为本篇内容我心里有底，只是组织语言而已，并不难写。我要注意的就是避免因被其他事情干扰而拖慢了节奏。

因此，我要做的是关掉电脑的无线网络，把手机调成静音并把它放得远远的，这篇文章写完之前不可以拿手机。

不要把手机反扣在桌上，这样是没用的，人会习惯性地在没灵感的时候拿起手机刷一下微博，看一下朋友圈，回复几个留言。随便点开一篇新闻，时间就会再次被挥霍，工作效率自然会降低。

要提升专注力，就要在做重要且紧急事情的过程中排除一切可能的干扰，全方位提升工作效率，在设定的时间内完成工作。

把事情做完不是本事，真正的本事是在计划内完成任务，还能做得又快又好，这是需要反复历练的。

世道不好不是你弱的借口

一

有一个特别有意思的现象，就是很多人习惯把自己的不如意归咎于"世道不好""环境不佳"。其实这个世界对大多数人是公平的，谁都有24小时，谁都要起床，吃饭，睡觉。唯一的差别就是每个人的时间利用率不同罢了。

也许你的起点是0，别人的起点是0.5，在从0到1的过程中，表面上别人比你更容易到达，可事实上，赛道不是一条直线，而是弯弯绕绕、翻山越岭的，你需要跋山涉水。在这个过程中，很多人会走错路，很多人会掉队，只有极少数人能到达1。

如果你的起点已经落后，需要比别人付出更多，而你还慢慢悠悠，边走边抱怨，这样难道能助你解决问题，赶超赛道上的对手吗？

每个时代有每个时代的英雄，每个阶段有每个阶段的人才。基础差，底子薄，在竞争中的确会吃亏，但结局绝非一成不变。拿每年的高考成绩来看，难道考进名牌大学的一定是从小成绩就好的孩子吗？其实未必，总有孩子可以逆袭。

而大多数人往往沉溺于自己的不如意，怨天尤人，动不动就抱怨"世道不好，钱难赚"，动不动就吐槽"好工作都被有钱人给把持了"，难道你自己无能还要让别人特别照顾吗？自然不可能。

二

商业社会本就是竞争社会，竞技较量之下，适者生存，能者脱颖而出。你没有金手指，就更应该自己找出路。别人拥有的东西，也不是天上掉下来的，而是自己挣的，同样是付出了努力和心血的。

不要用"世道不好"来当借口，也不要用"阶级固化"来作理由，归根到底还是自己的能力问题、经验问题、知识问题、眼界问题。困住你收入和职业生涯发展的，大多还是思维和认知的局限。哪怕你再努力、再勤奋，但你的技能树没有更新迭代，你的工作方法没有进步，再多的虚荣数据都没意义，你很容易被别人取代。拼命做事，懒于思考，停止学习，把机械化的重复当成勤奋，不断重复低效率的工作，仅仅感动了自己，却无法创造更大的价值，这才是根本问题。

别人收入比你高，别人一定有与之匹配的能力和价值；别人生意做得比你大，别人一定有相应的实力和资源。不要妄自菲薄，但也不要小瞧别人，因为没有人可以靠所谓的运气长久地光鲜下去。每个人都会在时间的洗礼中慢慢回到自己该处的位置。

一个能力不足、才华不够的人，哪怕依靠父辈坐拥金山银山，也会在很短的时间内将财富消耗殆尽，成为别人镰刀下的肥韭菜。

三

拿盛宣怀来说，他是清末洋务运动的实权人物，是那个时代的中国首富。他一手创办了轮船招商局、中国电报总局、内河货轮公司、中国通商银行、华盛纺织总厂、京汉铁路、中国红十字会、北洋大学堂等，被誉为"中国实业之父""中国高等教育之父"。光绪年间，他是正二品顶戴工部左侍郎，手掌实权，协助李鸿章办理洋务，又因功加了"太子少保"尊衔，还得到了可以在紫禁城内骑马的加恩殊荣。

李鸿章对他的评价是"志在匡时，坚韧任事，才识敏瞻，堪资大用"；慈禧太后曾说"盛宣怀为必不可少之人"；张之洞对他的评价是"可联南北，可联中外，可联官商"。就连站在清廷对立面的革命党人，都对盛宣怀称赞有加。孙中山对他的评价是"热心公益，而经济界又极有信用"。

就是这么一个了不起的人，他去世后，他的儿子盛恩颐坐拥万贯家财，占尽一切优势，却还是迅速败光家业，一夜之间输掉了上海滩100栋楼，成为民国奇谈。别说财富传承三代了，连两代都撑不过去。

所以不要觉得别人手里的牌太好，你连牌桌都不敢上。手握一副烂牌，只要沉住气慢慢打，或许也能打顺，并逐渐找到机会，找回自信。关键是，你要有信心，要愿意尝试，给自己挣一个明媚的将来。

四

硅谷著名投资人吴军在《见识》一书中这样写道："很多人成不了大气候，不是因为能力不行、机会不够，而是因为在生活的苦难里停止了奔跑。"

总说大环境不好、世道不好的人,我倒想问问,难道世道还分人,世道对你不好,对别人好?当然不是这样的。

该奋斗的时候,不要选择安逸;该安逸的时候,不要忘记初心。

你选择随波逐流混日子的时候,日子也在混你。别用"世道不好"这种烂借口给自己的无能找理由。

不懂舍弃如何对冲风险

一

说起对冲风险，很多朋友脑海里第一时间想到的或许是对冲基金。简而言之，对冲基金就是通过资金杠杆和分散风险的对冲投资策略，通过金融衍生工具买空卖空，从而达到套期保值和整体盈利的目的。

虽然对冲基金的出现很大程度上降低了金融行业的投资风险，但它绝不是万无一失的。这个世界上本就不存在万无一失的决策，除非你什么都不做。

你选择跳槽，有可能一帆风顺，也有可能一路不顺；你稳定不动，有可能惨被裁员，也有可能幸被提拔。一切都是未知的。只是人都有趋利避害的本能，都会害怕未知的事物。做选择是困难的，而在一路向前的时候，人往往会被利益所诱惑，从而放弃对冲风险的基本原则。

我太太就吃过这样的亏。她曾经拥有一个很大的美国客户，订单一直很稳定，她也有长期合作的供应商，合作一直很顺利。订单最多的时候，甚至一度可以占据工厂60%~70%的产能。

她偶尔也会担心，觉得应该分散一下订单，对冲一下风险，不能把订单下在同一家工厂。但是工作忙到无暇他顾，合作也一直顺风顺水，她就麻痹大意了，本能地遵循固有的做法，而没有刻意去改变。

结果，供应商买通了客户的验货员和内部职员，撬走了客户的订单，又通过一系列的桌底交易完成了直接合作，让我太太这边的生意直接归零。

这件事情给了我们很大的教训，那就是处于顺境的时候也需要特别警惕，要学会对冲风险，防患于未然。

二

鸡蛋不要放在同一个篮子里，这句大白话我们都听说过。大到国家，中到企业，小到个人，这种做法就是对风险的适当分散和规避。但知道归知道，能不能做到并做好，就是另外一回事了。

自古以来，许多大家族的生存法则就是做风险对冲，以免因为选择错误而导致整个家族湮灭在历史长河中。

三国时，诸葛亮赫赫有名，是蜀汉的丞相，刘备的托孤重臣，是真正的中流砥柱。诸葛亮一路辅佐刘备和刘禅两代帝王，才智卓绝，殚精竭虑，尽忠职守，留下两篇千古名篇《出师表》，文人墨客感慨其忠烈无双，也为其"出师未捷身先死"而潸然泪下。

从诸葛亮个人的角度看，他的确做了他该做的，为主尽忠，为国尽忠，为蜀汉江山奉献了自己的全力，没有藏私，也没有隐瞒。可如果我们把这个着眼点放到整个诸葛家族，情况会如何呢？

南阳诸葛家族，到了诸葛亮这一代有三个兄弟都相当了不起。老大诸葛瑾在东吴身居高位，从长史、中司马，到左将军、宛陵侯，深得孙权的器重。虎父无犬子，诸葛瑾的儿子诸葛恪继父亲之后继续掌握江东的军政大权。老二诸葛亮，一代人杰，是蜀汉的"定海神针"，是三兄弟里名声最显赫的人物。

老三，也就是诸葛亮的堂弟诸葛诞，在魏国平步青云，历任御史中丞、尚书、镇东将军、征东大将军，是真正的实权派人物。别说征东大将军了，就连低一级的镇东将军都是不得了的高官显贵！要知道，曹操当年挟天子以令诸侯时，曹操的官职就是镇东将军兼司隶校尉、录尚书事。可见，四征四镇将军已是武将的高峰，更何况再加码升到大将军。

这三位才华横溢的人，长房选了东吴，二房选了蜀汉，三房选了曹魏。这就是诸葛家族的风险对冲，不管哪一房最后存续下去，都能带领整个家族在乱世中生存。

三

南宋末年，文天祥身为右丞相、枢密使、少保，是文臣之首，又以状元之身，才华名动天下，跟陆秀夫和张世杰并称"宋末三杰"。陆秀夫是左丞相，张世杰是枢密副使兼太傅。

蒙古大军攻破杭州后，事实上南宋大势已去，此时的金、西夏、吐蕃、大理，早已归入元版图，并已全方位包围国土狭小的南宋，南宋不可能有翻盘的机会。

而文天祥等人依然坚持在抗元一线，屡战屡败，屡败屡战，从浙江退守福建，从福建退守广东，直到文天祥被俘，陆秀夫和张世杰依然组织了南宋所有的残余军队，在广州外的崖山海面上与元军打了最后一场战争——崖山保卫战。结果毫无悬念，宋军再次战败，陆秀夫背着幼帝赵昺投海而死，张世杰带着11条船突围，冲出崖山海面，想辅佐杨太后再立新帝。张世杰带着流亡政府打游击，继续抵抗，但是杨太后已经失去信心，跳海自尽，张世杰也随之殉国。公元 1279 年，南宋亡。

那文天祥呢？在南宋亡国的前一年，也就是公元 1278 年，他在广东海丰城外的五坡岭兵败被俘，随即被押送至元大都。忽必烈多次招揽而不得，最终在大都将其处决。

那首轰轰烈烈的《过零丁洋》，就是文天祥在被俘的过程中写的。

辛苦遭逢起一经，干戈寥落四周星。

山河破碎风飘絮，身世浮沉雨打萍。

惶恐滩头说惶恐，零丁洋里叹零丁。

人生自古谁无死？留取丹心照汗青。

文天祥宁死不降，忠于气节，留下千古美名，在南宋灭亡后，情愿求死，也不事二主。他是宋室的臣子，百官之首，若是投降，置前半生的苦战和坚持于何地？天下读书人如何看他？他又如何对得起那么多年战死沙场的袍泽？

而文天祥的弟弟文璧和文璋，却在文天祥被俘之前已向元朝投降。文璧做了元朝的官员，而文璋选择了退隐江湖，不过问朝政。

对于两位弟弟的选择，文天祥能理解，对他们并未苛责，也未要求他们必须为宋室殉国。文天祥对此总结道："我以忠死，仲以孝仕，季也其隐。"

宋朝养士三百年，他为朝廷尽忠是对的。文璧出于孝道，当元朝的官员，保持家族一脉传承，也是对的。文璋选择退隐，同样无可厚非。从家族的角度来看，文家三兄弟选择了三条不同的路，同样是对冲风险，以大局为重，保全家族。

四

明朝初年，徐达是追随朱元璋的开国第一功臣。攻入大都，赶走元顺帝的是他，击败王保保、绞杀北元势力的也是他。

在明朝的勋贵中，徐达是当之无愧的第一人，被封为魏国公。徐家更是南京的将门之首，就连玄武湖都被算入徐家府邸，成为遂初园的景观之一。

徐达死后，朱元璋下诏封他为王，以中山王的名义下葬徐达。而徐家后人世袭罔替魏国公的爵位，与国同休。说白了，只要明朝不亡，徐家的后代，一代一代都是魏国公，不降级。

本来徐家的发展在明朝一直很好，只要不造反，徐家绝对可以繁荣好几百年，不管谁当皇帝，都会礼遇徐家。可没想到的是，太子朱标死得早，朱元璋没有传位给其他儿子，而是直接传给了孙子朱允炆，也就是建文帝。接下来就是史书上记载的建文帝部署削藩，燕王朱棣以清君侧为名，发动靖难之役。

这时候徐达早已去世多年，继承魏国公爵位的是徐达的长子徐辉祖。徐辉祖对建文帝忠心耿耿，不管是稳定朝廷内部还是领兵与朱棣军在长江决战，徐辉祖都尽了十二分的努力。哪怕后来燕军渡江，徐辉祖仍选择力战到底，决不投降。

直到李景隆偷偷打开城门，迎接朱棣大军进南京城，建文帝焚烧皇宫后失踪，徐辉祖仍不投降，情愿自闭于家中祠堂，不见外客，也不承认燕王的帝位。朱棣最终没有杀他，而是将他削爵囚禁，让徐辉祖的儿子徐钦做了魏国公。

因为徐家在朝堂的地位，因为徐辉祖的亲姐姐是朱棣的皇后，也因为徐辉祖的弟弟徐增寿是朱棣的"铁杆"，从靖难之役伊始，徐增寿就一边麻痹朝廷，欺骗建文帝，一边不断给朱棣通风报信。

朝廷大军屡屡战败，从老将耿炳文到年轻气盛的李景隆，一次次被朱棣打败，徐增寿的情报工作功不可没。南京城被攻破前，建文帝忍无可忍，直接用剑手刃徐增寿于金殿之上。

后来朱棣进南京后，抱着徐增寿的尸体痛哭流涕。如果没有徐增寿拼命支持，不断透露朝廷军队的动向，让朱棣绕开许多城池，直取南京，靖难之役或许要打得艰难许多，甚至无法取胜。

徐增寿死后，朱棣追封他为定国公，爵位由长子徐景昌继承，同样世袭罔替。徐家两边下注，最终得到了两个世袭罔替的公爵。

五

在历史的洪流中，凡是碰到需要做选择的时候，大家族往往会从整体利益考虑，从风险对冲的角度衡量，选择两边下注或多边下注。这对于我们的借鉴意义是，要时刻从大局出发，考虑整体利益，控制和对冲风险，不能忽略小概率事件。

从个人发展而言，创业是很好的选择。但如果失败，则有可能会导致家庭陷入困境。要对冲这种风险，夫妻店就不是一种好的选择，一个人创业，一个人有稳定的工作，反而更加安全。

以商业合作而言，核心客户当然要全力支持；边缘客户也不能忽视，同样要与人为善。一旦大客户出问题，或许这些零散的小客户就成了公司的"救命稻草"。

简而言之,就是要有第二套方案。我们当然希望尽量不要用到第二套方案,但是在危急关头,能随时有可替代的方案,才不至于出现最糟的情况。

计深远,不是想想而已,而是在很久之前就已经落子,哪怕是不起眼的弃子,将来也有可能得以妙用。

不懂舍弃,如何对冲风险?

不愿损失,如何换来收益?

不要高估对手,也不要低估自己

一

刷朋友圈时看到一条动态:干掉客户合作十年的供应商是什么体验?

我给这位朋友评论:值得庆功。为她高兴的同时,也不由感慨万千。很多时候,强大的对手并不是无敌的;弱小的自己或许远比想象中强悍。

客户有稳定的供应商,并合作愉快,这对于我们做外贸的人来说绝对不是一个好消息。若这个供应商的公司比我们所在的公司大,产品比我们好,价格比我们低,团队比我们强,几乎占据了方方面面的优势,这会让我们更加绝望。

对手如此强大,对我们形成了全方位的碾压,我们该怎么办?该如何破局?难道要放弃这个客户,避免跟强大的同行竞争?

没用的,换成其他客户,同样会有竞争对手,而且也一定有比我们强的,难道见一次躲一次?那样的话,公司永远不会发展,自己也永远不会成长。

我们要思考的是,大公司有大公司的经营方式,小公司有小公司的生存策略。说直接点,就是"蛇有蛇路,鼠有鼠洞",双方不见得非要在同一个地域火拼,这样完全没有必要。说得"流氓"一些,就是"你跟我讲道理,我跟你讲武力;你跟我讲武力,我跟你讲道理。"

谈判也是一样，哪怕我们碰到了强大的对手，也要设法找到自己的卖点和定位，去争取合适的客户。因为实力不对等，没有办法正面竞争，只能设法营造不对称竞争，通过差异化来完成合作。

市场无限大，各种各样的企业存在于市场发展的每一个阶段。大多数行业是不存在一家企业通吃全部的情况的。哪怕头部力量再集中，金字塔的中部和底部仍有无数的机会，仍有无数人做得很好。

二

很多朋友并没有这样的意识，往往因对现状不满而变得无比悲观。我经常收到类似的留言，其中一条大意是这样的：

我不知道未来的出路在哪里，不知道怎样把业务做好，觉得很迷茫。第一，产品很普通，没有特点和附加值；第二，工厂是小作坊，没有现代化的厂房设备；第三，没有专业的团队，办公室内仅有几个人而已；第四，公司没有什么系统化的培训；第五，产品价格也不算好，不算太便宜。

看到这里我不由叹了口气，自己都不认可自己的公司，对产品和价格没有信心，又如何有足够的信心面对客户的侃侃而谈，应对同行的竞争呢？

没有特点，就要自己设法挖掘、锤炼、找差异化，而不是守株待兔，等着机会从天上掉下来，或者等着别人告诉你该怎么做。

从另一个角度讲，产品普通，可以说产品已经是成熟产品，品质稳定，适合常规销售，你可以作为客户的备选供应商。

工厂破旧，可以说工厂把有限的资金都投入在产品和运营方面，不会用客户的钱去把厂房弄得闪亮，把办公室装修得华而不实。

团队弱小，可以说员工讲诚信，职业素养好，公司不雇佣舌灿莲花的所谓的金牌业务员。你们的企业文化是对客户有一说一，坦坦白白。

培训缺失，可以说是员工在实际的工作中练习和试错，比单纯的培训要好得多。

价格没有优势，可以说厂家不会为了节约成本而牺牲品质。你们的产品没有大牌的极高品质，也没有很多同行的极低价格，但是你们能做到的是让价格靠谱，不会给品质抹黑。

三

不同的思维方式和谈判方法，可以让同样的事情得到不一样的结果。说句玩笑话，就是"你跟我谈价格，我跟你讲品质；你跟我谈品质，我跟你讲灵活；你跟我谈灵活，我跟你讲专业；你跟我谈专业，我跟你讲情怀"。

任何事物都有两面性。优点在某个情景下会变成缺点，而缺点在某个情境下反而会变成优点。强悍的对手或许无惧你的正面竞争，但根本无法全面对抗不同维度的竞争。

可口可乐有多强悍？百年品牌，经久不衰，团队强悍，资金强大，能吸引大众消费者，简直就是可乐行业的无敌存在。百事可乐如何与之竞争呢？

从表面上看，百事可乐没有任何优势可言。那百事可乐是怎么做的呢？它采用的是场景转换的策略。可口可乐是百年品牌，代表了经典，但同样代表了"老旧"，所以百事可乐主打的是"年轻化"，把自己包装成"年轻人的可乐"，然后用各种营销手段全方位地让这种形象深入人心，果然开辟了另外一块细分市场。

如果百事可乐采用传统竞争策略，如价格竞争（可口可乐卖3美元，百事可乐卖2.5美元）、广告竞争（可口可乐砸多少广告费，百事可乐砸更多）、品质竞争（可口可乐口感好，百事可乐就要宣传自己的口感更好）、渠道竞争（可口可乐给渠道商多少利润，百事可乐给的返利更多）、人员竞争（可口可乐的专业员工很多，百事可乐就雇佣猎头大量挖墙脚），那么可以断言，百事可乐根本活不到今天。

四

很多年前招聘外贸业务员时，我看到一份很有意思的简历。表面上看，这个应聘者不具备任何优势，毕业才一年（工作经验不足），上一份工作一般（工作经历不够），英文水平不佳（连四级证书都没有），业务能力平平（上一份工作只做了不到3万美元的业绩）。本来应该被淘汰的，但是他的简历和面试表现扭转了我的看法。我录用了他，刷掉了不少高度对口的竞争者，因为他是这样描述自己的：

第一，他有很强的可塑性。

第二，他可以适应不同的工作环境，抗压能力强。

第三，他注重实际应用，自学能力强，可以直接通过邮件来证明能力。

第四，他独立做业务4个月，开发了6个客户，17个意向客户已寄样，潜在客户有9个。

凭借这连消带打的能力，他既可以展示一个真实的自己，又能给对方物超所值的感觉，这才是水平，是真本事。

所以我想告诫大家的是，当你还不够强大的时候，没有必要妄自菲薄，悲观和抱怨根本无法解决你的现状。以下驷对上驷,靠的不是一腔热血,而是设法重新定位,重新挖掘优势并包装自己,从而营造出不对称竞争。

不同的场合,不同的前提,结果或许就会变得不一样。

不要高估对手,也不要低估自己。

无端却被
秋风误

出自／贺 铸
《踏莎行·杨柳回塘》

Chapter
05

为什么比你"差"的人混得比你好

一

每年到了"金三银十"这两个招聘旺季，我的微信、微博等都会收到不少关于找工作方面的问题。

虽然每个人的情况不同，经历不同，但是大家混迹于职场，很多事情是可以找到共通点的。说白了，你一直以来大惑不解的问题，往往也是大多数人的疑惑所在。比如，为什么能力不如我的人工作比我好？为什么我完全匹配招聘要求，却拿不到面试机会？为什么面试过程中我明明很实在，反而却被刷掉了？为什么我拼死拼活工作，却连好的机会都碰不上？

总而言之，大多数求职者忽略了一个问题，就是"信息不对称"。除非你是某个行业的大咖，或者是非常了不起的名人，在业内声名显赫，不用自己表达，求才若渴的老板就会伸出橄榄枝。

对于大多数人，你的能力和价值或许你自己知道，或许你前老板和前同事知道，但是你应聘的用人单位根本不认识你。能力不如你的人工作比你好，拥有高薪厚职，这是用人单位的遗憾，错失了你这个人才。可问题是，你如何展示自己的能力和才华，才能让对方知道你的价值？没有做好这一点，就是自己的失职。

你觉得自己完全匹配招聘要求，但没有拿到面试机会，原因就是面试过程中存在很多变量，你拥有无数竞争对手。好的职位本来就少，但是应聘者众多，你如何确保企业HR在海量的求职简历中一定会被你吸引，而不是被别人吸引？

你觉得面试过程中自己很"实在"，却没想到被刷掉。或许是因为别人的某些特质打动了面试官，而你的"实在"却让别人感觉你不懂职场规则，你的鲁莽容易得罪人，不利于跟团队成员相处。

你觉得自己拼死拼活工作，很努力、很用心，却没有得到上天的垂青和眷顾，好的机会都跟你擦肩而过了。我想说的是，我们需要脚踏实地，也需要仰望星空。机会不是你想要的时候就能突然降临到你面前，而是需要你长期地留意和观察，不断去争取。在职场上，我们要把自己当成一件商品，保证品质的同时也需要口碑，包装、文案、宣传同步到位，才能打动潜在客户。

二

招聘方了解你的第一途径就是阅读你的简历。如果你既非名人，又非业内响当当的人物，对方不认识你很正常，所以在看你简历的过程中，对方不会对你另眼相看，也不会突然发现你身上的闪光点。

我也看过不少人的简历，但说实话都非常一般，根本没有让人了解或者进一步沟通的欲望。现在的HR一天能看无数份简历，早就练就了火眼金睛，我自己也一度亲自负责过公司的招聘工作，所以在这方面还是有些经验的。

坦白说，大多数人的简历，如果把名字和个人信息盖上，内容往往大同小异，根本认不出来谁是谁。说得直接一点，就是毫无亮点，只是简单地记录自己在哪里工作过、做过什么职位，具体负责哪些事情，顺便注个水，吹嘘一下自己。

既然大多数人的简历都差不多，那你凭什么会认为自己应该被选中，而不是别人被选中？这就是为什么争取一个好公司的面试机会很难，因为你连第一关都没有闯过。哪怕你能力很好，但是你不会表达，别人就无法很好地了解你，因此就会错失英才。

简历究竟该怎么做，这是一门大学问，关系到简历的内容架构、文案编排、逻辑顺序、视觉效果、文字处理、要点综述，以及应聘者核心能力的展示、差异价值等，岂是网上一抄一箩筐的所谓简历模板能搞定的？哪怕有简历模板特别精致，内容特别好，特别有参考价值，也不会很轻易地在网上找到。如果你能找到，那么别人也能，这样的话，就会有铺天盖地的同款简历出现，你又如何能脱颖而出呢？

由此可见，万能的模板是不存在的，要把简历做好，就要做出价值和差异化来，做得让人心动，让人恨不得找你来当面聊聊。千万不要盲目照搬照抄，否则纯属浪费时间。

说到这里，或许很多朋友已经明白我要表达的观点：很多时候不是你的能力不行，不是你的工作经验不够，而是你根本不会做简历，你把珍珠当成白菜在推销了。

正因你的简历没有亮点，才让人在点开你简历的瞬间就有关掉或删掉的冲动。你根本不会推销自己，所以被淘汰的概率自然是非常高的。

你的实力、价值、能力，是已经存在的东西，你要做的就是把 80% 的精力放在简历的制作和面试技巧上,而剩下的 20% 就靠运气,凭借良好的心态和出色的临场发挥来影响最后的结果。

三

在我的观念里,要做好一份出色的简历,首先,简历内容一定要高度匹配应聘的职位;其次,必须将之前的工作成果和工作能力突出和量化,让人一眼就能抓住主题,而不是平铺直叙,还要指望看的人从中领悟和发掘出东西来。

不少朋友写简历时,尤其是写最需要着墨的工作经历时,根本不会写,或者写得惨不忍睹。

下面这种例子就是常见的错误写法,却被很多所谓的模板当成范例。

上海××有限公司,外贸业务员,2017 年 9 月到 2020 年 6 月。

负责公司外贸订单的开发,能独立跟单、采购,完成相关单证工作,得到领导的一致好评。能操作 Alibaba(阿里巴巴)和 Globalsources(环球资源)等相关 B2B(企业到企业)电商平台,能熟练使用 Office 软件,能用 Photoshop 处理简单的图片……

很多人都会这么写,但是,大多数应聘者都操作过这些电商平台,会用 Office 软件处理工作,这其中唯一的亮点或许就是会一点 Photoshop,但是这看起来依然很单薄。这个人应聘的是外贸业务员或者外贸业务经理的岗位,如果我是用人单位,我根本看不出我有招聘这个员工的必要,也无法从他过往的经历里看出他的能力和价值。也就是说,他究竟取得了什么成绩?不知道;他的成长经历和能力是什么?不知道;他是否胜任这份工作?不知道;

他的平台操作能力如何？不知道。所以这就注定了这是一份失败的简历，是很典型的反面教材。

我们真正要做的是从用人单位的角度思考问题，思考对方需要什么样的人才，我们有什么有说服力的东西，如何把过去的工作用几句话或者几个关键词浓缩，如何一层一层地展现自己的优势和特质，如上一份工作成交了多少业绩、开发了多少新客户等。

有朋友曾经跟我说，他的工作经验很少，上一份工作仅仅做了9个月，能力和经历都很单薄，也没有开发出像样的客户，觉得简历不管怎么写都不好看。

我详细了解了他的情况，跟他反复沟通后，给他的简历做了一次彻底的改变，在工作经历模块我是这么改的。

在××公司担任业务助理和业务员273天；

担任业务助理17天就被迅速提拔，可以独立工作；

工作35天，接到第一个样品单；

工作44天，独立开发了第一个客户；

工作66天，接到了第一张试订单；

工作106天，拿下了第一张正式订单，金额为13500美元；

……

提炼主要内容和价值，然后做整合，把内容一条一条量化，视觉上的冲击力比平铺直叙要强烈许多。原本只有9个月的工作经验，运用完全不同的描述方法，就立刻变得十分饱满了。

这样一份简历，工作成绩和相关经历一目了然，在一大堆无趣的简历中很容易脱颖而出，被用人单位发现。

最后，他成功入职业内一家知名的上市公司，收入比原先增长了大约2.5倍，连他自己都觉得不可思议。

如果是有更多经验的业务员，如已经工作两三年的，那么可以写的就更多了。关键在于如何总结和架构，如何突出要点，如何分析优缺点，如何跟大多数人做得不一样。

四

一旦过了简历这一关，接下来就是面试了，这也是找一份好工作的重中之重，属于临门一脚的环节。面试谈得好、表现出色，老板会在谈判过程中调整薪酬方面的预期，也调整你的工作方向。但很多人在面试的时候会陷入一个误区，就是过度吹嘘自己。

做销售的或是做采购的，往往喜欢把业绩作为吹嘘的筹码，以为这样做就能让人高看一眼，这显然是大错特错的。很多东西经不起推敲，越是吹嘘，反而漏洞越多，只会引起别人的猜疑，让人对你的诚信产生怀疑。

面试官或许会想："你一年那么多订单，那为什么要跳槽来我们公司？""既然你收入不错，干得好好的，那为什么要离职？""就算业绩是真的，那是不是因为品行有问题才离开了原来的公司？"

只要是编造出来的谎言，基本上是经不起验证的。稍微有点经验的面试官根本无须对你做背景调查，只需拿几组开放式的问题来提问，过不了几个回合，你就会露馅。

还有一种人，简历做得很好，面试表现不错，形象和谈吐也不差，说的也都是实话，经验和能力都比较实在，照理说，被录用是很自然的事情，可他们有一个特质，这也往往是被大多数公司拒绝的原因，就是"太实诚"了。

谈到前公司时，有些人将各种不满挂在嘴上，把自己的抱怨、愤怒和盘托出。这样做是完全没有必要的。你抱怨前东家多么苛刻，前老板不守承诺，克扣提成，前公司加班无数，也不会因此而得到面试官的同情。因为你来面试是为了赢得这份工作，而不是获取别人的同情，这一点必须要弄清楚。

你越是大吐苦水，越容易适得其反，让面试官对你必生厌烦。对方会觉得你这样一个充满负能量的人，一旦被招进公司，将来说不定也会在别人面前抱怨现就职公司，把公司风评弄得很差。综合考虑下来，即使你的能力不错，业绩也不差，各方面的经验都匹配，但有可能成为团队中的搅局者，甚至成为问题制造者，反而会让整个团队的氛围变得不和谐。

最终的结果就是放弃你。

五

再说一个我亲身经历的事情。

当年我从原公司辞职，去面试一家外企。离职的真正原因是原公司老板克扣工资，到了年底，许诺的提成一分钱都不给。

我对前老板的言而无信自然非常失望，也很受伤。纵使我有再多的不满，也绝对不会在面试的时候向面试官抱怨这些。面试官不是我的铁杆兄弟，没有义务听我这些抱怨。他是给公司招人的，不是做心理医生来安慰人的。

我的目的是找到一份更好的工作，证明我的能力和价值。所以当面试官问我为什么离开原公司的时候，我用了另一个策略——捧！

对，就是"捧"，大力夸奖我的前公司，极力吹捧我的前老板，同时顺带证明一下自己的能力。我当时是这么对 HR 说的：

前公司对我非常好，在我没有工作经验的时候给了我不少机会学习和试错，给我时间积累和发展。

老板教了我很多东西，只要他去国外参展或拜访客户，都会带上我。所以我在过去的三年里我总共参展 23 次，去过 16 个国家，老板一路栽培我做到了业务经理。

除此之外，他还给了我极大的支持，我可以放手去开发客户，制定业务管理制度，并在现实中修正和磨合，这几年的工作经验直接提高了我的业务能力和管理能力，所以我有信心坐在这里，应聘这个经理职位。

不过十分遗憾，我不得不离开原公司，是因为公司前几年的过度扩张，给了很多客户非常优厚的付款方式，为公司埋下了很大隐患。而荷兰两个大客户突然倒闭，导致公司的经营情况十分艰难。

也正因如此，我这两年没有拿到一分钱的提成。我本应该跟公司共渡难关的，但我也有我的现实困难，我也需要生存，需要赚钱养家。为了感谢老东家过去对我的栽培，我离开公司前也给予了他们最后的支持，过去两年的提成我都不要了，就当最后再帮老板一把。

我希望他可以尽快好转，东山再起，我会像兄弟一样给他祝福。

这就是虚实结合，坦白说出自己要多赚钱的目的，这个大家都可以理解，所以换工作，重新开始，逻辑上顺理成章。

说白了，面试也是一种谈判，也要看个人的表达水平和沟通能力。只有职业技能是不足以在应聘者中脱颖而出的，还需要有相应的情商才行。

六

我没记错的话，应该是在 2008 年，当大多数人还在用 Word 文档做简历的时候，我已经开始用 PPT，将简历做成精致的展示幻灯片，去应聘 500 强企业了。

因为我曾经发现，跟客户接触时，我们需要用幻灯片来做项目展示，让客户多方位、多角度地了解我们的公司和优势，那为什么不能把这套思路放到自己身上，把简历也做成幻灯片形式，全方位展示自己的优势和特点，顺便再秀一把自己的 PPT 功底，让外企招聘方刮目相看呢？

当时很多背景好、学历高、能力比我强的应聘者都一轮一轮地被刷下来了，我成为被留下的幸运儿。是我真的很厉害吗？不是的。其实大多数人都能胜任这份工作，只是我用了一些技巧，在平平无奇中展示出那么一点不同，引起了面试官的兴趣罢了。

很多事情你觉得简单，如写简历这回事，一页纸或者两三页纸就能搞定，网上随便找找模板，然后照搬过来修修改改就行。错了，大众化的东西往往缺乏个性、缺乏说服力。一些免费的、大家都能看到的东西，反而会浪费你大量的时间去修改，在一开始就给你设了不少限制，甚至严重影响了你的思维方式。

如果你是超级人才，那么你的简历怎么写都行，不美观、没特点都没问题，甚至没空写简历，邮件里随便写几句话都可以被顺利录用。但如果你还没到这个层次,就请用心、用心、再用心,好好包装自己,至少让别人感受到你的专注和诚意,这样总比随意和将就强得多。

正如梁启超所言:"无专精则不能成,无涉猎则不能通也。"

惹人反感的真实原因

一

你有这样的遭遇吗？当你询问一个很简单的问题时，对方蹦出一大堆貌似专业的词汇，把简单的问题复杂化，导致你一点都听不懂。

所谓的专业用词、专业术语，其实要在特定场景下针对特定受众才会用到，否则只会让人一头雾水，甚至让人觉得你很奇怪。

"我下午陪客户 high tea（喝下午茶），然后带他去酒店 check in（办理入住），晚上跟他在行政酒廊开会，你这边要 stand by（随时待命），我有事情会随时找你。"如果是在企业里上司对助理或者下属说这一段话，那么这个场景就很正常。对于平时工作中每天跟英文打交道的外贸企业或外资企业，这种夹杂中英文表达的方式，说的人和听的人都比较习惯。

可如果这段话是跟家里的保姆说的，就会变得很奇怪。换一种正常方式才会显得自然，比如说："我下午陪客户去吃点东西，然后送他去酒店办理入住，晚上还要跟他开会，事情挺多的。你这边留意一下电话，到时有什么事情我可能会给你打电话，辛苦了。"

那些所谓的"专业词汇"，仅仅对于了解和熟悉它们的人有用，其他人未必能明白，因此最好用平实简单的语言迅速表达你的意思，这就是换位思考。同一件事情，对不同的受众来说，需要用不同的语气和不同的表达方式来沟通。

在工作中也是一样，我们不要总是把问题复杂化和专业化，而是要多考虑对方的感受和实际的需求。我们不应该为了炫技而忘记工作的本质，即为客户解决问题、处理麻烦，而这当然需要化繁为简，越简单越好。

二

很多年前公司调动岗位，让原本负责汽配类产品的我，转为负责户外家具的采购项目。这对我而言是一个全新的产品线，需要一些时间熟悉产品，也需要熟悉这个领域的供应商。

某天，我要对浙江台州某家工厂的一款特斯林材质的户外沙滩椅进行询价。我看了它的网站，有很多款式的产品可以选择，我就打电话简单说明了自己的公司和负责的项目，请对方推荐一些适合美国市场的款式，也帮我报一下价格。在电话那头，这家工厂的业务员马上说："我们的产品都可以出口美国的，你可以去我们网站上看，看中哪几款，我给你报价。"

我耐着性子凭感觉随便挑了几款，对方马上又问："你要管径多少的？壁厚多少？特斯林的经纬度要求多少？电镀的厚度要求多少？"

这些问题真的是问到我的知识盲区了，我一个都回答不上来，刚想让对方给点建议，说说差别在哪里，其他美国客户会如何选择，但是话还没说，业务员就来了一句："你什么都不知道，我怎么报价？你是采购家具的吗？一点都不专业。"

到这里，我真心觉得大家的思维没在一个点上，无法勉强，也沟通不下去。

我匆匆寒暄几句，表示我拿到更多资料后再联系，随即挂断了电话。我其实明白，这个供应商我是不会再跟他打交道了，不会有以后。我不认为他是在展示他的专业性，我只会觉得他是在嘲讽我的无知，是在故意刁难我。

三

这个业务员错了吗？难道他对产品和行业不了解、不够专业？当然不是，他肯定比我懂产品，懂细节，但是专业并不仅仅是针对产品的。一个专业的业务员，是要根据客户的情况有针对性地给出合适的建议。在客户不了解产品的情况下，要用最简单、最直接的语言介绍产品的特点和相应内容。

每个人都有自己的困难和知识死角，这太正常了。如果你去吃饭，厨师非要问："你点的水煮肉片辣椒要放多少克？花椒放多少克？盐放多少克？"你会不会觉得这厨师脑子有问题？你也许会想，我是来吃饭的客人，又不是厨师，为什么要了解这些？厨师不能因为自己对产品专业，就认为别人也一样专业，认为别人可以和他在同一层面沟通技术性问题。

正常的厨师当然知道这些知识，但是跟顾客沟通时就要变成："您能吃辣吗？中辣如果吃不消，我就做成微辣吧，大部分客户会点微辣；盐我也少放一点，不做太咸了，太地道的四川口味怕您吃不惯。"

这一整套沟通方式就变成站在顾客的立场探讨问题。客户会觉得这个厨师不错，会尊重我的口味，然后有针对性地调整菜品。

很多年前我在新西兰第一次接触到麦卢卡蜂蜜，是在一个韩国小哥开的店里。我问他蜂蜜价格的时候，他跟我说："这边有 UMF 5、UMF10 和 UMF15 三种蜂蜜，代表了蜂蜜里麦卢卡的抗菌物质的含量。而麦卢卡是新西兰当地特有的一种树,不是从百花或者特定的花中采集的普通蜂蜜。"

"这三种不同的 UMF 指数,对应的蜂蜜品质是不一样的。比较大众化的是 UMF 5,就是平时常规喝的蜂蜜,性价比是最高的。而很多肠胃不太好的客户喜欢买 UMF10 的,觉得有调理肠胃的作用,这款也是店里卖得不错的。UMF 15 是价格最高的一款,甚至可以直接当作药用,胃病比较严重的可以试试这款。"

他这么一说,我立马就明白了这三款蜂蜜的差距在哪里,然后决定购买 UMF10 的。这才是真正的专业,用几句话就把消费者不明白的事情说得清楚透彻。

四

对于不同的客户,我们要了解相应的情况,用平实的语言设身处地为客户考虑,而不是坐在办公室里用自己的思维揣测客户的心思。

财务总监坐在办公室里,边涂指甲油边跟业务员说,你跟客户商量一下,三成定金太少了,要付五成定金,否则对方取消订单的话我们损失会很大。这就是完全从财务角度出发的,站在自身立场衡量的相对安全的付款方式,但她不了解业务部门面临的问题和困难,不明白业务员接单和谈判的痛苦。

刘润曾经讲过一个有趣的案例。他 1999 年去微软做工程师,公司安排他去客服部接一周的电话。他开始不理解这个安排,他是工程师,为什么要去客服部门工作?等他真去了,才发现了意料之外的"新大陆"。

客户打电话进来,询问电脑上的茶杯托盘怎么合不上了,刘润很疑惑,回答说这里不卖电脑,也没有茶杯托盘。沟通下来才发现,客户说的是光驱……

如果从专业角度考虑，微软做的是操作系统，是软件，一个工程师思考问题都会从软件方面入手，从专业的角度打磨产品，迭代更新，可消费者能完全理解这些专业问题吗？自然不能。如何跟客户接地气地交流，探讨真实的需求，解决售后问题，才是专业人员需要思考和努力的。

五

再看阿里巴巴国际站的前任 CEO 卫哲。当时阿里巴巴的很多员工都对他很反感，总是在言语中称他为"那个人"。卫哲来阿里之前是赫赫有名的跨国公司百安居的中国区总裁，西装革履，衣冠楚楚，打着领带，开一辆绿色的捷豹轿车，一副成功人士派头，说话中英混杂。这就是外企高管的形象，从内到外透露着专业，展示着自己的气场和精英身份，工作时游刃有余，气度雍容自然。

那个时候的阿里巴巴远没有今天的规模，仅仅是一个处于发展阶段的互联网企业。阿里 B2B 部门的销售员被称为"中供系"，他们大多穿着 T 恤和牛仔裤，带着资料、背着双肩包，顶着太阳去郊区一家家外贸工厂和小作坊拜访，去市区一栋栋写字楼"扫楼"。这些敢闯敢拼的普通销售员，学历普遍不高，英文也仅限于说几个单词或几句话，跟卫哲完全是两个世界的人。所以卫哲的专业素养和精英形象，在这一大群下属面前就显得格格不入。

双方都没错，都有自己的坚持和理想，都有自己的世界和格局，只是彼此的立场不同，所以出现了距离感。卫哲也发现了这个问题，后来他开始不穿正装，而是习惯穿 Polo 衫和 T 恤，还会时不时自黑一把，跟下属们打成一片，尝试理解他们的想法，于是他们之间就有了越来越多的共同语言。

六

专业是好事情，这是自身的职业素养，是对工作的尊重。但我们要注意立场和场景，要明白跟人打交道的本质，不能总用自己的标准和理解去看问题，否则会拉开跟下属、同事、客户的距离。

展示专业很有必要，但必须适度，不能出于炫耀的目的而让别人觉得尴尬。

做工作不是让你"掉书袋"，或是用高级的词汇故作高深，而是让你通过自己的知识积累和认知，把复杂的事情用最简单的话描述出来，让普通人和外行都能听懂。

你的表达要跟客户在一个频道上，要跟客户的思维接轨，要"接地气"。说得直接一点，就是"学会说人话"，而不是满口自以为是的专业术语，让人皱眉且头疼。

适可而止，收放自如，从与人的接触和沟通中随时捕捉只言片语的信息，调整自己的说话方式，这才是大智慧。

你的好意也要适度

一

我一直难以理解，为什么有些人并不亏欠他人，对别人也没什么要求，却要低声下气去讨好对方。

小强是我在外企工作时的一位同事，在公司里有着出人意料的好人缘。貌似任何人，只要跟小强一接触，都会觉得这个男生憨厚、懂事，觉得他能帮助大家解决各种麻烦事。

想喝下午茶了，叫小强给大家买。那时候还没有外卖类点餐 App，买下午茶是要顶着烈日跑到店里买，然后大包小包拎回来的。

晚上有货要装柜，懒得去盯供应商，就把资料以邮件形式发给小强，他保准会跟进得妥妥当当。

客户午夜降落浦东机场，接机和送客户回酒店的任务自然落在了小强肩上，小强从来没出过岔子。

有同事过生日，从订蛋糕到准备礼物，再到安排晚宴，所有的事情小强都能够独立解决。

只要是不想做的事情，包括解决细枝末节的问题或者琐碎的文书工作，都可以扔给小强处理,他都能笑呵呵地搞定。同事间一度给小强起了个绰号,叫"专家"。意思是,各种事情一到他这里,他都能设法办妥,不存在搞砸的情况。

二

我一开始也以为同事间有这么一个开心果,还能帮助大家解决困扰,这是很好的事。后来我慢慢发现,事情没我想的那么简单。

有一次小强的母亲从河南老家来看他,他很开心,带了好多吃的给同事们,都是母亲从家里带来的。小强还专门跟主管说,最近三天都不加班了,到下班时间就收拾东西回家。

主管笑着答应了。

下午六点整,小强刚跟邻桌的我打完招呼,准备关电脑下班时,另一位同事跑过来跟小强说,她这两天不舒服,不去深圳拜访供应商了,想让小强代她去,还让小强第二天早上顺便把货验了,中午装柜。

看得出来,小强是不想去的,他明显犹豫了一下,可话到嘴边还是变成了"好的,没问题,我现在就订机票,今晚就出发"。其实这位同事是另外一个组的,跟我们组没有交集,而且只是采购助理,而小强是公司老员工,是多年的采购代表。

还有一次,小强要去香港出差,参加四月份的礼品类展会,办公室几位同事就起哄:"去香港要给我们带好吃的小熊饼干啊,别忘了!"小强笑着答应了。

展会开了整整五天时间,小强为了让同事们早一点吃到小熊饼干,特地早一天排队去买了好几盒，然后为了节约快递费，从红磡坐港铁到深圳罗湖口岸，将饼干快递回了公司。因为从香港直接寄快递，费用会高很多。

一收到饼干大家就在公司里打开分着吃了。这时候又有不和谐的声音传来，有两个同事在一旁窃窃私语，说小强太不会办事了，打包都没有用起泡袋包裹严实，好多饼干都碎了，而且还说小强贪便宜，找了普通的快递公司，应该直接寄顺丰的。

我心中颇为不平，别人不欠你们，几盒饼干都上千元了，你们不仅没出钱，还挑三拣四，谁出差还带着一大堆气泡袋过去？还要人家倒贴更多钱寄顺丰，就是为了让你吃得更开心吗？小强不是你们的下属，凭什么要拍你们的马屁，还要受你们这些冷言冷语？

三

压垮小强的最后一根稻草是另外一件事情。小强那一组有一个高级采购代表的职位空缺，小强满以为这是他的囊中之物。他在公司六年了，经验丰富，资历也够，可上司突然决定，把这个升职的机会给了一个入职不到半年的新人。

小强彻底崩溃了，他在这六年里一次次谦让，一次次把升职的机会让给同组的同事，整整六年他只加了两次薪水，如今整个组他资格最老，工作能力也扎实，领导依然不给他升职的机会，而是给了一个工作才几个月的应届生，他怎么都想不通。

主管跟小强解释，那个新人刚入职就想辞职，所以以升职来挽留一下，这次的升职机会就给新人，下次再考虑给小强。最后主管还补了一句："你都六年没升职了，也不急于这一时，再耐心等一年，我再跟公司争取一下。"

小强这次算是死心了,他什么都没说,直接给高层写了辞职邮件,把需要交接的工作内容整理成文件,刻录好光盘上交,就头也不回地离开了。从决定辞职到离开,只用了不到二十四小时。

走的那天小强跟我说,其实他没有好人缘,一切都是他自己想象出来的。他觉得自己用心待人,终究会有回报。但事实上,职场上许多人都是利益为先。他考虑别人的感受,讨好每一个人,但别人从不在乎他的想法,不曾关注过他。

小强苦笑道:"虽然很多人当着我面叫我'专家',其实我知道,他们背地里都叫我'垃圾回收站'。"

后来我听说小强回老家工作了,还换了手机号码,跟大家断了联系。从那以后,我再也没有见过他,也没有听到任何跟他有关的消息。

今天偶然想起,就把他的经历写了出来。这些回忆带给我不少感触。小强为人不错,是讨好型人格,注意别人的感受,把大家都照顾得开心妥帖,这是好事。可在小强身上,这份好意太多了,随意给予而不懂拒绝,当谁都可以差遣他办事,谁都习惯找他收拾"垃圾"的时候,他的存在感就变低了,没有人会把他当回事。

因为他什么都可以将就,什么都可以接受,所以当碰到利益冲突的时候,别人首先想到的就是牺牲他的利益。仅因为他计较的少,忍耐的多。

我们经常听到一句话:"会哭的孩子有奶喝。"有的人因为会跟上司抱怨,会跟领导争取,会跟同事抗议,别人就会认为这个人不好惹,反而会重视他的感受,不会轻易动他的奶酪。

反之,埋头苦干但从来不提要求,公司如何安排都顺从接受的人,往往就成了被牺牲的对象，会被要求顾全大局。

善良可以，但还要有锋芒；好意没错，但终究需要适度。

不懂拒绝，被伤害的往往是自己；迁就别人，时间长了会变成负担。

做好自己吧，别想着让每个人都开心，那样只会让自己痛苦和纠结。你的好不是理所当然，也不是每个人都受得起。

如今还适合做外贸吗？

一

一个偶然的机会在知乎上看到一个问题："如今还适合做外贸吗？"

提问者说，他以前做外贸，身边人都说不好做，他也感觉做起来很辛苦，业绩的确一般。后来他发现跨境电商成了热点，于是果断转行，用过去的经验换得了平稳过渡，希望有机会赚点钱。做了跨境电商后他又发现，做这个的企业大部分是中小企业，制度不健全，主要依靠平台，发展很受限，也没有见老外的机会。而他认为，自己还是更喜欢直接跟外商打交道，因此便想回到外贸行业。但是他又听别人说外贸如今不好做，所以他陷入了迷茫，难以抉择，生怕选择错误。

我相信这不是个案，而是很多人的困惑。

评论中有很多热心朋友给予了答复，有些是亲身经历的感慨万千，有些是过尽千帆的娓娓道来，有些是道听途说的指点江山，有些是好为人师的大放厥词。恍然间我感到这就是职场，有各色人、各种感受，一样米养百样人。

我也收到了这个问题的作答邀请，但是我不想回复，因为要把这个问题说透，其实很难。这是一个大课题，哪怕我用大篇幅去举例、分析、论证，也必然有大部分人无法理解，因为没有同样的经历，无法感同身受。

二

在讨论这个问题之前,我想先请大家看几个类似的问题。

(1)律师行业如今还适合做吗?

(2)保险行业如今还适合做吗?

(3)金融行业如今还适合做吗?

(4)房产行业如今还适合做吗?

律师这个高大上的职业,门槛不低,需要读好多书,需要考从业资格证,需要好多年的历练,或许才能独立接各种案子。至于能否赚大钱,大家可以问问身边法律行业的朋友,其实对大部分人来说还是很难的。做律师,讲能力,讲资历,讲机遇,讲运气。做得好的当然有,律所的老板或合伙人都是赚大钱的,可大多数律师还是混饭吃罢了,能在企业混个法律顾问已经算是不错的了。

保险行业一度被几颗老鼠屎坏了整锅粥,为很多人所诟病,大家甚至对其敬而远之。但是这些年保险行业的确改善了不少,随着人民群众风险意识的提高,收入水平的增加,保险行业迎来了新的增长热点。可整体而言,这是随便一个外行杀进去就能赚大钱的行业吗?不用我说,大家心里都有否定的答案。

金融业的确是大热门,也是很多人向往的行业。每年高考,金融专业都是报考的热门。毋庸置疑,跟钱打交道,有机会一夜暴富,谁不喜欢?但是若干年后,大家再去看,能长期扎根金融行业,成为金领一族的还是小部分人。大多数人只是收入比身边人稍强一些罢了。

而对于房产,当你听惯了销售人员一年卖 N 套房,收入数百万元;当你发现深圳某豪宅给业务员的提成是卖一套房奖 100 万元现金,是不是热血上头,想去拼一下?但去了之后你会慢慢发现,成为神话的只是凤毛麟角,大部分销售员也只能望洋兴叹,仅此而已。

上面四个问题看完了,再看"如今还适合做外贸吗"这个问题,就会发现这根本就不是问题。外贸只是众多行业中一个很普通的行业。

三

提问者之所以要问这个问题,表面上是希望大家给点意见,实际上是想看看这个行业有没有占便宜的可能。他的潜台词也许是:"我就想进入一个很好的行业,花三分努力得七分收获",再说得直接点,就是希望进入一个"钱多、事少、离家近"的行业。

如果大家告诉他,这个行业很好,做的人不多,薪水极高,老板人傻钱多,他或许就会决定做外贸。

如果有人告诉他,现在防疫用品好做,某人做口罩赚了 500 万元,某人做防护面罩赚了 2000 万元,他说不定也会立刻改行去做防疫用品。

他并没有认真思考自己的想法,也没有综合衡量自己的能力和知识结构,只想让别人告诉他他适不适合做这个工作,这是很可笑的行为。用投机倒把的心态选择自己的行业,就要经得起打击,受得住冲击。工作不是投注,非赢即输,而是需要通过长期的打磨和积累,才能在某个行业里如鱼得水,所以千万不能有从众心理。

大部分行业,就算有红利期,也是很短暂的,不要总追热点。追热点就跟炒股总是做短线追涨停板一样，用这个思路选择工作，我只能说，你对待自己的人生太草率了。

如果我来回答这个问题——如今还适合做外贸吗？我的答案是，适合，也不适合。适合喜欢的朋友，不适合从众的朋友。

外贸只是一个行业，一份工作，没有什么特别的。跟其他行业一样，都是少数人做得风生水起，多数人站在门外，但以为自己已经入门。明明"一叶障目，不见泰山"，却偏以为自己天赋异禀，很轻易就能了解一个行业的情况。

外贸行业也有自己的技能树，做得好的外贸人自然有其内在的原因和逻辑，有自身的能力和特点，并不是"入行早"或者"运气好"可以解释的。如果说做得好是因为入行早，那么入行早的人很多，为什么大多数人依然混得不怎么样？如果说做得好是因为运气好，那么运气也不会长期眷顾一个人。

纠结行业选择，换来换去，瞻前顾后，其实就是自私心理作祟，想少付出而多收获。与其问这样的可笑问题，不如选一个自己有兴趣的行业，努力学习，用心积累，全力往前冲，研究别人的弱点，打磨自己的核心竞争力，假以时日，总有自己的一亩三分地。

正如王国维《点绛唇·高峡流云》中所言："人间曙，疏林平楚。历历来时路。"

圈层逆袭是一个人的打怪升级

一

在朋友圈看到一条内容，是过去的一个同事发的，她写了一大段感慨庆贺孩子去私立学校读书，兴奋之情溢于言表。可据我所知，那家私立学校价格不菲，是当地最贵的学校之一，学费差不多 30 万元一年。然而她的收入并没有很高，她只是一家贸易公司的普通员工，跟丈夫加起来，年收入勉强够这个数字而已。

她一直以来的观点就是人脉和圈层特别重要，甚至可以影响到孩子的人生轨迹。因为自己过得挺不容易的，所以她总是埋怨自己年轻时不懂事，不懂得找一个好老公实现逆袭。年轻时以为只要认真工作，面包会有，房子会有，什么都会有，可现实并非如此，普通人逆袭太难了。

她羡慕别人嫁得好，可以改变圈层，可以开拓孩子的思维和眼界，所以选择贵的私立学校是她认知中入让孩子改变圈层的敲门砖。门敲开了，把孩子送进去了，孩子就能跟学校的人成为同学，成为朋友，她也可以跟其他孩子的家长身处同一个家长群，就会得到更好的人脉积累。

支撑她这个观点的证据是，她的同事 A 住在高级小区，业主群里包含了各类有钱人、名人，A 平时有医疗或者法律方面的需要，在群里一问，好多人都会为她提供资源,他们平时也经常往来,听得我这个同事十分羡慕。虽然她暂时没有能力买豪宅,但勉强凑凑钱让孩子读个好的私立学校还是可以办到的。她想让孩子融进这一圈层,跟达官贵人们的孩子从小就混在一起。

我理解她的想法,也理解她的焦虑,但我对她的做法不敢苟同。

二

关于 A 的案例,我的理解是,如果真的如我这个同事所说,她这个普通同事 A 可以融入一个富人的圈层,那么绝对不是因为大家是同一个小区的业主那么简单。

第一,她同事跟她工作差不多,收入也没什么差别,如何买得起远高于她负担能力的高级小区呢?或许有两种可能,要么是 A 家境不错,父母承担了这些,A 没有压力;要么是 A 老公的收入很高,可以买得起。

第二,如果 A 没有吹牛,真的能跟很多老板、高管、名人有不错的私人交情,这就耐人寻味了。说明她有对应的价值和能力,能够被别人认可,这同样跟 A 平时的工作不匹配。

所以,A 的这种情况,我认为必然有我这位同事不了解的地方,一定不是表面上看到的那么简单。圈层之间的接触很正常,但要融入是很困难的。这就好比小学生跟大学生玩不到一块,也缺乏共同语言。

能到精英这个位置的往往都是人才,有足够的经历和阅历,别人那点小心机和功利心,他们一看就明白了。这不是买两个爱马仕包、坐几次头等舱就能做到的,跟他们打成一片没那么容易。

我的理解是,圈层不是你想融就能融进去的,而是你本来就在那里,自然可以彼此打交道，无须刻意钻营。

例如，他是一个不错的律师事务所合伙人，你是一个不错的作家，你们之间或许就有交集。再如，她是某三甲医院的护士长，你是某学校的教导主任，你们或许也可以进入同一个圈层。

大家是否会进入同一圈层，财富多少并不是绝对的衡量标准，而是要看你在自己领域里所处的位置能否吸引别人，能否得到别人的尊重。也就是说，同一个圈层里的大多数人条件比较相似，不至于出现天壤之别的差距。

三

我读大学的时候就对此有特别强烈的感触。当时我们寝室有四个学生，大家都一穷二白，或者说家境都一般。

我们不是一开始就被分到一个寝室的，本来大家分布于不同的四个寝室。只是我们班里当时有20多个男生，大多数家境都不错，往往非富即贵。

大学就是一个小小的社会缩影，穷孩子跟家境好的同学其实是玩不到一块儿的。不是我不想，我也没有任何仇富心理，只是大家的共同语言太少了。比如说，出去旅行、玩极限运动、周边自驾游、听演唱会、吃高档日料、订包间打牌……这些我们都无法参与，时间一长，别人就不带我们玩了，慢慢地我们四个人就被边缘化了，索性大家住到了同一个寝室。

我们几个人的活动就是在寝室里看美剧，去楼下打球，去图书馆看书，去校外做兼职，去寻找实习和工作机会，因为有共同语言，大家相处得很开心。不是说其他同学不待见我们，别人也很客气，大家也可以聊天，但这种聊天是有隔阂的，大家都觉得不那么自在。

毕业后除了我们四个，其他同学都打包回老家了，做公务员也好，去事业单位也罢；继承家业也好，去海外留学也罢，家里都会安排好。只有我们四个留下来找工作、投简历，在社会上打拼、寻找机会。

如今离大学毕业已经十五六年了，我们四个人过得都还不错。一位室友如今在澳大利亚，在普华永道从实习生做到了部门经理的位置；一位室友继续求学，如今是某所重点高中的语文老师；还有一位室友做外贸积累了十余年的经验，如今是一家工厂的厂长兼合伙人；而我也找到了我的方向和位置，有自己的外贸生意，是米课的高级合伙人，还圆了自己的作家梦。

对我们而言，并不存在所谓的逆袭，但是靠着自己的努力和坚持，我们逐渐到了自己应该在的位置，也可以和过去仰视的大佬们交换联系方式，坐下来一起喝杯咖啡。

四

圈层逆袭不是完全不可能，但是相当困难，大部分人穷其一生都很难做到。圈层逆袭的核心是价值交换。大家要靠自己去展示和提供价值，不能寄希望于自己什么都没有，什么都不是的时候别人偏偏对你另眼相看，要拉你一把，甚至一路托举着你进入他们所在的圈层，这是不现实的。

做好自己才是第一要紧的，你要跟社会精英混迹在一起，起码自己要变得值钱，让自己在某个细分领域成为强者，或是充满潜力的准强者，这样你才有可能跟其他领域的强者对话，别人才会注意到你，才会给你说话的机会。

古人说的"门当户对"从某种程度上讲是有一定道理的。天下没有免费的午餐，午餐背后都有标注好的价格。不要认为跟名人或富人在一起吃顿饭、敬杯酒、说上几句话、拍几张可以在朋友圈吹嘘的照片，就能进入对方所在的圈层。很抱歉，别人根本不会记得你，在他们眼中，你就好比早上晨跑时遇到的一个点头微笑的路人一般。

圈层的价值在于交互，你可以提供价值，他可以分享价值，你们相互支持，相互帮衬，你们才能在同一个圈层。砸锅卖铁让孩子进一所好学校，不是不可以，但需要把心态放平，这仅仅是为了让孩子接受更好的教育，有更好的老师去教导，而不是本末倒置，从小就灌输给孩子结交权贵、融入更高圈层的想法。这种赤裸裸的功利心往往会让你碰得头破血流。

你若盛开，清风自来。

将登太行雪满山

出自／李白
《行路难·其一》

Chapter
06

选择行业时可以从三个维度比较

一

每位公司的主管都希望自己有得力的团队，下属敢打敢拼。每个企业都渴求人才，可大多数时候人才难得，人力不少。

我的一个朋友就碰上了一个困扰她多日的难题。她是上海一家贸易公司的经理，最近在招聘的时候碰到一个非常出色的应届生，是个女孩。

这个女孩很努力，英语专业出身，基本功很扎实，逻辑思维清晰，我朋友很想把这个女生招进来，让她作为自己的助理，好好培养一下。

我朋友觉得她的眼光不会错，这个女生很像很多年前的她，做事有冲劲，能够承担工作中的压力，不久的将来一定可以独当一面，成为她的左膀右臂。可结果是，几天后我这位朋友等来了那个女生的微信消息，说她不来入职了，准备去一家房产中介做二手房经纪人。

我朋友急了，连忙联系那位女生，推心置腹谈了一次。但对方表示，虽然她对外贸工作很有兴趣，学的是英语专业，也能够学以致用，但是做外贸薪水太低了，远不如做房产中介。卖二手房的确辛苦，但是工资不低，成交后的佣金很诱人。

女生的家境不好，大学毕业后还欠了两万多元的助学贷款，所以她特别渴望赚钱，希望可以尽快还清贷款，自力更生，减轻家里的负担。更关键的是这个女生工作很拼，也有头脑，在房产中介行业试用期的第一个月就已经开单，卖了一套房。拿到手的佣金自然非常实在，相比做外贸需要从头积累，拿着低薪水慢慢学习，做房产中介确实容易见业绩。谁敢说做外贸就一定能成呢？万一做不成、业绩平平，岂不是耽误更多时间？

我这位朋友有些无奈，想听听我的意见，究竟该不该继续说服那位女生？又或者说，是否应该尊重那位女生的选择？

二

这类问题我经常碰到，就是关于职业选择的问题。是该选择自己更喜欢的、未来成长性高的职业，还是应该选择眼前就能赚钱的职业？

写到这里，我突然想到一个似曾相识的问题，就是在高考完填报志愿的时候，是应该按照自己的兴趣，报自己喜欢的专业，还是根据父母、老师、亲戚朋友这些"过来人"的建议，报所谓的"更好找工作"的专业？

我相信每个人在面对这类问题时，都有自己的想法。我无意推翻大家的想法，我只是想就这个问题谈谈我的一点看法。毕竟我也是在职场上滚打十五六年的老兵，做过小职员，做过管理者，服务过民企和外企，做过办事处的首席代表，接触过不少猎头，也招聘和面试过无数候选人。相信在这方面，我还是可以给大家提供一些参考意见的。

对于究竟该选择外贸行业还是选择房产中介行业，我认为，职业无贵贱，没有高低之分，每个行业都能出人才，只是对应到每个个体上，情况会变得不一样。如果你不知道该如何选择，不妨从以下三个方面来考虑。

第一，这个职业的发展空间有多大。

第二，这个行业未来的路是宽还是窄。

第三，如果做得不满意，有没有回头的可能。

先看第一条，发展空间的问题，也就是赛道的问题。外贸做得好的话，当然潜力无限大，不管是做超级业务员还是创业当老板，都有无限的发展空间。而做房产公司的经纪人，金牌业务员同样有不错的年收入，甚至可以创业，拥有自己的房产经纪公司。

宁波一家外贸工厂，旺季的时候，单月就接了1500万美元和4000万元人民币的订单，这是否是一家房产中介可以做到的销售额，我不知道，也不敢随意置评。关于第一条提到的发展空间，二者就当打成平手吧。

三

再看第二条，行业未来的路是宽还是窄。我的意见是，这取决于你有没有选择的可能性，选项是否够多。说得专业一些，就是职业的延展性是否足够。

外贸行业对于新人的要求其实并不算低，如今的主流外贸企业基本上都要求员工有大学本科学历，英语过六级，还要有一定的计算机技能。当然，这个条件会随着区域的不同而变化。很多小城市的要求会适当降低，专科学历也能接受，英语过四级甚至四级都没过，但可以应付基本表达也没问题。

若是好一些的企业，各种约束会更多，比如，第一学历是"985"院校和"211"院校都有可能是硬性条件。

门槛高往往意味着员工已经过层层筛选，能在外贸行业长期工作的，坦白说，各方面的能力和素质都还不错。而且在这个领域积累的大量工作技能，在将来跳槽换行业时会提供许多助力。

我曾经以外贸公司业务经理的身份跳槽去500强外企做采购,得以平稳过渡。这就说明,在外贸行业的积累,对于其他行业同样是有用的。而外贸人一般英文都不会太差,这对于如今许多需要较高英语水平的工作来说,具备丰富实战经验且长期跟老外打交道的外贸人,往往比学院派更加容易脱颖而出。

而从事二手房产买卖的经纪人,能否跳槽到其他行业,会不会有丰富的选择,我是持保留态度的。

我小舅子就是一家二手房产公司的老板,据他所说,这个行业的流动性极大,大部分经纪人并没有高学历,甚至没有接受过高等教育,换工作大多数还是在这个圈子内,从这家中介公司换到那家中介公司。不是说房产公司没有人才,而是比较难得。

所以对这一条来说,我觉得从事外贸行业,未来的路会更宽一些。

第三条,如果做得不满意,有没有回头的可能。这一条衡量的是行业和年龄的相关度。

假设一个人在外贸行业工作了五年,不想干了,想去房产公司做经纪人,卖二手房,可以吗?根据我的了解,是可以的。

我有一个做金融多年的朋友,成绩一直平平无奇,公司又在两年前倒闭了。他已到了40多岁的年纪,根本找不到其他金融公司的工作机会。于是他在家附近的某家知名房产公司找了一份经纪人的工作。去年接触他,发现他做得还不错,毕竟有金融公司的工作背景,也算是见过世面的。他在面对客户的时候侃侃而谈,从宏观经济分析到区域板块市场分析,能让客户听得频频点头，客户会觉得他跟其他经纪人不一样，觉得他非常专业。在他所在的门店，他的业绩长期保持在前三。

反过来看，如果你从事房产经纪多年，可以跳槽去外贸公司工作吗？这个问题我同样问过几位贸易公司的老板，都得到了否定的答案。

原因是，做外贸讲究的是连贯性和延续性，如果是跨界，就等于一切要从头做起，而过去的经历反而成为重新塑造一个专业的外贸人的障碍。如果你身上还有一些在其他行业养成的不好的习惯，还要花大量时间去修正，这又是一件很浪费时间成本的事情。

更何况，哪怕你是英语专业毕业的，如果从事房产经纪多年，英文长期不用的话也会严重退步。虽然说有功底可以重新学习，慢慢恢复到当时的英文水平，但对企业而言，用一个刚毕业的学生，或者在外贸行业里挑选一个有经验的人，两者都比你更容易出成绩。

还有，外贸行业其实也是一个"吃青春饭"的行业。我们会发现，大多数企业对于"外贸业务员"的年龄基本限制在30岁以下，很少会有破例。如果是30~35岁，只能去谋求经理和主管一类的管理岗位。若是超过了35岁，又缺乏一定的同行业经验，那么跨界转外贸行业，成功的概率会非常低。

由上述内容可知，对于第三条，外贸行业胜出。

四

总体而言，从这三个维度考虑和衡量，我的观点是，相比在房产公司做二手房经纪人，一个英文专业毕业的优秀学生，选择外贸行业或许更占优势。

在工作之初，我们都很介意薪水，都希望起薪可以高一些，这并没错。

特别是对于很多物质基础差的学生，高薪往往有很大的诱惑力，会让他们有意识地忽视所选职业其他的一些不足之处。

好的行业看的是成长性，是不是可以让你越老越值钱，有没有可能让你在年轻的时候就实现逆袭，有没有一定的技能和机会让你实现全方位的提升。

虽说"三百六十行，行行出状元"，但还要结合自身情况综合考虑，从而做出相对更优的选择。

问问自己，你在职场上想走多远？这是你真心喜欢的工作，还是仅仅为了眼前更高的薪水而勉强自己接受的工作？

如果是后者，那么当你工作几年并且赚到一些钱后，你会更加迷茫，你会再次怀疑自己，再次举棋不定。这时候你或许已经没有选择的资格了，只有接受被选择的现状。

年轻的时候，我们会觉得时间很多，可以肆意浪费，可以随意选择，可事实上，每一个节点、每一次选择，都会导致我们的人生变得不同。

错了不可怕，可怕的是不认错

一

有个学员曾跟我讲述她哥哥的事情，她说她哥哥毕业后就没有正经找过工作，一直在创业，创业失败后继续准备下一次创业。

这个学员今年已经三十四岁了，还没有结婚，工作以来赚的钱都贴补了家里，还帮哥哥还债。她在外贸行业拼杀了十来年，一直是公司的销售冠军，如今年收入早已超过四十万元，这是妥妥的白领收入。

她所在的小城市房价不高，大多数同龄人的月收入不过三四千元，以她的收入水平，应该在当地住着高档小区，开着好车，过得自由舒适才对。可她苦笑道："谁能知道，我拿着全公司最高的薪水，连出租房都不舍得租，一直住在工厂的员工宿舍，六个人拼租一间，就是为了省点房租，早日帮家里把债务还清。"然而，一年一年过去了，家里的债务不仅没有减少，反而在不断增加。

她哥哥做化工生意赔了，说是被合伙人骗了，欠了六万块钱，她设法还债。

她哥哥开火锅店倒闭了，说市场没考察好，当地火锅店太多，亏了二十多万元，她继续还债。

她哥哥开服装店亏了，说货源没摸清楚，选品不够好，又欠了十多万元，她忍无可忍，要哥哥自己去上班挣钱，她扛不住了。结果她哥哥声泪俱下，求她再帮他最后一次，他一定踏实工作，她最终还是扛下了这笔债。

哥哥的确履行了承诺，在一家汽车修理厂找到了工作。可拿着微薄的薪水，结婚钱不够，女友又怀孕了，怎么办呢？她这个做妹妹的，只能在父母的要求下，设法筹钱给哥哥安排结婚的事情，还设法凑了首付，帮哥哥把房子买了。

原以为后面的日子会逐渐好起来，哥哥会因此而收心，可现实又给了她当头一棒。工作一年不到，哥哥瞒着家里偷偷辞职了，借了钱，跟朋友合伙开了一家洗车店。开洗车店也算了，她哥哥又结交了一些狐朋狗友，夜不归宿不说，还迷上了网络赌博。等家里人知道情况后，放高利贷的人已经追上了门。她哥哥欠了八十万元，人还跑了。

她知道后出离愤怒，决定不再管家里这些破事了。可父母苦口婆心地劝她，哪怕不管哥哥，小侄儿总得管吧。嫂子在家带孩子，没有出去工作，总不能让娘儿俩饿着吧。

她妥协了，默默承担起了照顾嫂子和侄儿的责任，还要帮他们每个月还房贷，支付各种额外的开支。她一个人负担了哥哥一个家庭的开支，还有过去那些滚动的债务。

我问她，没想过放手吗？她表示她也很无奈，如果她不管不顾，哥哥这个家就真的散了，她也无法面对父母。如今她最渴望的是哥哥早点回家，好好上班工作，承担起一个男人该承担的责任。但是她隐约还有些担心，哥哥一旦回来，又会有新的问题出现，给她增加新的麻烦。

二

其实在这件事情上,她哥哥固然有各种责任,但是她作为妹妹,承担了不应该由她承担的债务,表面上是帮助了哥哥,安慰了年老的父母,可事实上,正是这种无原则的心软才把她自己推向深渊。

我跟她说,错并不可怕,谁没错过?但关键是,错了就要认,就要找到问题和原因,思考如何解决问题,分析自己还有哪些短板,以后如何不继续踩坑。她的所作所为不是在帮助她哥哥,而是在纵容她哥哥继续胡闹,她自己的人生也因此而变得一地鸡毛。

她哥哥做化工生意赔了,她可以救急,帮助哥哥解决一部分债务,但这不能是无偿的,哥哥必须做好还款计划,把钱分期还回来。可结果是,她自己把债务揽上身,这就大错特错了。哥哥没了负担,没了压力,为什么要辛苦上班呢?自然是继续谋划所谓的创业大计。

从开火锅店,再到开服装店,一次又一次,她都会解决她哥哥的债务问题。哥哥是没有心理负担,没有切肤之痛的,所以没有任何自知之明,只会一次次找借口,为自己的无能找理由。

被人骗、没考察好、货源不好,都不是失败的真正原因。创业本来就是九死一生的事情,没有那个能力,就好好上班积累经验。等到自己经验多了,能力强了,也存下点钱了,爱怎么折腾都行。成年人要为自己的选择买单。输了就要自己承担后果,而不是反复找借口推卸自己的责任,然后让家人买单,这太荒唐了。

我总觉得,这样的人是最可怕的,主观意识太强,又没有明确的自我认知,明明是麻雀，非要认为自己是老鹰，总为自己的失败找借口，说什么世道不好、遇人不淑、运气不佳。总之，自己是没什么责任的，一切责任都在别人身上，都归咎于外界。

她哥哥不认错，觉得有人买单，有人扛，还可以继续折腾。

她自己不认错，觉得可以帮忙，可以拼，希望哥哥能回头。

我不知道她最终有没有听进去。我跟她再三强调，不要再插手哥哥的事情，包括哥哥家里的事情。这不是她的责任，她没有义务帮哥哥承担债务、房贷，更没有义务养哥哥的老婆和孩子。

她哥哥的债务自然要他自己解决。若没有能力还债，没有能力供房，那么银行会处理，法院会介入，该收房收房，该坐牢坐牢，自己的问题自己面对。而她真正要做的是过好她自己的人生，自信起来，阳光起来，谈恋爱、旅行、逛街、买房、买车，回到她该有的人生轨迹上。

后来的情况怎么样，我不知道，也没有进一步追问她。我只是希望，她可以真正想明白，她可以过得更好，为她自己活一次。

三

职场上这种类似她哥哥这种"不认错"的情况时有发生。

我第一份工作是在一家做箱包的工厂做业务助理，而部门主管，也是业务经理，是一位已经在工厂服务了八年的老员工。

有 次，她安排我做采购合同的时候，我发现有一款面料有点问题，我核对了客户的原邮件后，觉得是我方理解有歧义，于是跑去跟她指出我方可能存在的疏漏。

她在我表明来意后，直接批评我多管闲事。她认为自己做了多年外贸工作，我仅仅工作一周，就来挑衅上司，是自以为是的行为。她把业务部所有同事招进会议室开会，当场批评了我的工作。她认为公司要重新制定员工手册，新员工该学习就学习，该锻炼就锻炼，该下车间就下车间，不要觉得自己懂几句英文就了不起。

当时我也怀疑是我理解错误，或者同样的表达在不同的场合跟语境下可能会有相反的结果。我为自己的冒失感到羞愧，并用曾国藩的名言提醒自己："大处着眼，小处着手；群居守口，独居守心。"

后来我按照业务经理的指示做了采购合同。因为是老客户，工厂甚至连产前样都没有给客户邮寄，仅仅是拍照确认，然后就开始了大货生产。结果在客户安排第三方验货时，发现面料跟合同要求完全不一致，无法再用，整批货都报废了。客户为此大发雷霆，要求工厂承担一切损失，销售季的利润损失也需要工厂承担。

这个客户是工厂的核心客户之一，面料错漏所造成的返工和额外赔偿接近十万美元。老板为此震怒，要求调查这件事情的原委，而业务经理把责任全部推给了我们几个实习生。譬如，毅冰做采购合同的时候，对客户要求的理解正好相反；业务员没有按照标准作业进行流程审核，也没有给客户准备产前样，这都是严重纰漏。而她自己因为工作太忙了，要处理和跟进几个主要客户的项目，就没有特别关注这个订单，她把关不严，也有一定的过失。

天知道，我指出了问题所在，但是业务经理根本听不进去。带我的师傅，也就是业务员，要求给客户安排产前样，也被业务经理否决了，她认为老客户的返单只是换个颜色，根本不需要浪费时间重新寄样。

结果就是公司承担了损失，我们做了炮灰，仅仅因为业务经理的面子和尊严受到了一点侵犯，她就恼羞成怒，对错误视而不见。哪怕明确了错误，她依然不认错，把责任都推在了下属身上。

四

这件事情给了我很大的触动，这也是我在职业生涯中第一次感受到办公室政治究竟是怎么回事。

我认真工作，认真解决问题，却伤害和影响了别人的面子和形象。试问，一个业务经理居然会犯如此低级的错误，让其他下属怎么看她？后来我才知道，其实她学历不高，英文功底十分差劲，是靠着在车间里埋头苦干才慢慢转到业务岗位的，后来一步步升到了业务经理的位置。因为学历低，底子差，所以她在很多事情上特别敏感，总觉得别人瞧不起她，别人都在针对她，别人就是看中了她的位置，想夺权。久而久之，她就形成了刚愎自用的心态，不管对错，都要以她的决定为准，大家只要服从就可以了。有意见那是你的问题，是你不听话，不能领悟领导的决定，你需要继续学习和历练。

或许她认为，认错就是认输，认输就意味着能力不足，会导致地位不稳。所以她会用一个个的借口来证明这是别人的问题，是外界的问题，不是她的责任。

在这种"顺我者昌"的强势管理之下，工厂后来的情况怎么样了，我并不知道，因为我没做多久就离开了。只是从原同事那里获悉，业务经理过得也不如意，几个大客户被同行抢走，她一次次面对业务员的离职而无能为力，最后自己也跳槽了。

多年后我也走上了管理岗位，每每想到过去的这段经历，都会唏嘘不已，我从中学到的是，"错并不可怕，可怕的是不认错"。越是身居高位，越是小有成就，反而越难面对自己的过失。"虚怀若谷"这个词大家都知道，却很难做到。

我们可以做错事，可以错，但关键是，我们要从错误、失败中受到启发，学到经验，避免将来重蹈覆辙。

所有的经验都是宝贵的，不论对还是错，赢还是输。

坦然面对吧，直面自己的缺点，该认错就认错。败而不馁，输而不乱，才是最好的自己。

持续低效率的魔咒怎么破？

一

我不时会收到一些读者留言，说他们经常为自己的工作和学习效率低下而苦恼。明明计划做一件事情，却往往会被别的事情打断；明明想用两个小时写完一篇文章，却往往会东看看西翻翻，一整天下来只写了个开头。

严格意义上讲，这并不属于拖延症，因为事情已经开始执行了，而且明确了执行的方案，也就是已经完成了从 0 到 1 的转变。不过话虽如此，现实中却很难做到专心如一，因为所有人都会受外界影响，会有各种干扰打断现有的计划。

与此同时，自己的专注力或许也不够，总是会主动分散精力去做其他事情，从而进一步拉低效率，让自己更加沮丧。

这种情况其实很普遍，包括我自己，也是费了好大的劲才逐渐克服一些坏习惯，把效率抓上来的。

二

我曾经一度被低效率的魔咒所困扰。计划一小时内完成报价单，结果做了不到五分钟，电子邮箱叮咚一声，有邮件进来了，于是忙不迭去查收邮件，甚至会优先处理和回复邮件。

又过了十分钟，计算装箱量的时候，拿出手机打开计算器，又不自觉地刷了刷微信朋友圈，给几个朋友点了赞，处理了两条留言。关掉微信后又顺手点开了微博，看了看今天有什么热门新闻，一不小心半个小时过去了。

猛然惊醒后，放下手机，继续制作报价单。过了一会儿，发现有些口渴，于是起身去茶水间冲了一杯咖啡。又发现肚子有些饿了，时间又是不尴不尬的下午三点，离晚饭时间还有很久，那就点个下午茶吧。吃独食貌似不合适，就在办公室里喊一嗓子，看同事想吃点什么，一起叫外卖。

等外卖的过程中继续边做报价单边跟同事聊美食话题，聊哪家餐厅下午茶不错，哪里新开了一家咖啡厅，改天去尝试。

一会儿电话进来了，外卖送到了，接下来分餐、聊天、开吃，吃饱喝足后发现差不多下午五点了。哎呀，离下班时间还有半个小时，还是继续工作，把报价单完成吧。

而这时候，欧洲客户逐渐上班了，邮件一封接一封地进来，有投诉的，有询价，有催样品的，貌似一个比一个急。忙不迭地切换到邮箱，一封接一封地处理邮件。等邮件差不多处理完，并给供应商打了无数个电话后，工作终于告一段落，可以继续做报价单了，发现已经下午六点半，超过下班时间一个小时了。怎么办？算了，晚上不想做，家里电脑中没那么多资料，手机里也没有各种数据，明天上午回公司再做吧……

这种低效率的现象，其实在职场中十分普遍，这也是公认的"工作效率低下"的主要特征。表面上有各种事情干扰，难以专注于手头的工作，实际上是没有做好优先级管理，没有给未完成的工作排序。

比如，我当时重要且紧急的事情有三个：给德国老客户做好报价单，给两家供应商打电话确认美国客户的交货期，催促英国客户付款。其余的事情在重要等级上会稍微弱一些，属于次优先级的工作。

三件事情都很重要也很紧急，但是不可能三件事情一起干，否则容易分散精力，难以专注和聚焦于某一件事，反而会影响工作效率和结果，也会让出错概率上升。

这种情况下就是进一步筛选和安排工作顺序。报价单是德国老客户要的，而且这个事情很复杂，必须当天完成，那就先做这个；打电话给供应商，确认美国客户的交货期，这个事情随时可以做，甚至晚上做都行，不如先放一放；催促英国客户付款，这同样不是当下就要做的，英国跟我们有八个小时的时差，我们这边下午六七点钟时，客户那边正好是中午前，这时候沟通就是好时间，没必要更早。这样优先级排序就出来了：先做报价单，再打电话，最后催款项。

三

提高工作效率，除了要科学地安排工作内容的顺序外，还要全力提升专注力，排除一切干扰，在最短的时间内迅速完工，然后开始处理下一件事情。

我的个人经验是，按照以下三个步骤来执行，往往能让工作效率提升一倍以上。

第一，工作时把手机设置成静音，不能把手机反扣在桌上，而是把手机放进包里，甚至锁进柜子里。手头的事情做完之前不允许自己拿出手机。现代人都有手机依赖性，要戒除，最好把手机放得远远的。

第二，关掉电脑的无线网络，退出电脑端所有的聊天工具，关掉浏览器。只有当工作中需要外网的时候才可以临时打开网络，否则，只能专注于工作本身，不能看任何无关的网页或新闻。

第三，专注做某一项工作时，把其他所有工作都往后推。这件事情完工之前，不处理邮件，不回复留言，不接打电话，一切都要在工作完成之后才可以处理。要把手头需要集中精力处理的工作当成一场重要考试，如两个小时内必须交卷，容不得任何分心，更不可以做其他事情。

此外，在执行过程中还需要给自己预留失败空间。当在特定时间里无法完成手头工作的时候，可以根据实际执行情况来判断和分析最初的计划有多大漏洞，有哪些地方需要做特别的修正。这样在下一次处理类似工作时，就有了相当丰富的经验，知道该如何规划和设置预定时间了。

四

不要总埋怨自己工作效率低、执行力差，工作效率低的主要原因是你没找到适合自己的方法，表面上是在多线程工作，事实上反而拖慢了步伐，打乱了节奏。所以从一开始就要摒弃各种坏习惯，用时间来一次次重复和迭代，然后做流程优化。习惯一旦养成，良好的习惯就变成了强大的驱动力，变成了标准的作业流程，工作就会跟拿起筷子吃饭一样自然。这就是习惯成自然，它会推着你惯性般前行。

"操千曲而后晓声，观千剑而后识器。"不外如是。

关于天赋，你是有误解吧

一

许多朋友在描述自己不擅长的领域时，会不自觉地强调"天赋"这个词。

自己很努力，可英文水平一直不佳，说明自己没有英文天赋。

做外贸五年一直不温不火，没有大的成绩，说明自己做这个职业没有天赋。

某某同事十分擅长跟客户打交道，长袖善舞，可自己性格内向，说明自己没有做销售的天赋。

某人文字功底扎实，写的文章自然写意，看着就令人舒服，可自己写的东西自己都看不下去，说明自己没有写作天赋。

听起来貌似有点道理，毕竟每个人擅长的东西不一样，有短板很正常。拿自己的劣势跟别人的优势相比，不在一个段位上也很自然。但是用所谓的"天赋"来掩盖自己的弱点，掩盖自己的逃避心理，这才是令人无法接受的。

英文不佳，要看自己真正下了多少工夫，遇到过什么样的老师、用过什么样的学习方法、拥有什么样的生活环境和家学渊源。这些条件相同的话，多年后大家再横向比较一下，看谁的水平更高，这样才有可比性，而不是一开始就把责任推给天赋。

二

我们看到的别人所谓的天赋,是别人在拼尽全力学习钻研后,逐渐积累和破阶的,而不是当到了某一个点的时候灵光一闪,很多事情突然完成了从0到1的跨越。这种情况不存在,至少现实中我还从没见过这样的案例。

五年工作经验,仅仅是年龄老了五岁,并不代表什么。真正的工作能力还是要看你在过去五年工作里累积了多少技能,做出了多少成绩。同样的时间,别人赚了更多的钱,找到了更好的工作,未必是别人运气好,也不是别人天赋高,而是同样的五年时间,大家利用的过程是不一样的。

在我的理解里,大家口中的"天赋"是可以通过自身的积累实现的。

例如,郎朗一举成名天下知,成为国际钢琴大师,你可曾留意他过去那么多年的积累和努力,以及那无数的汗水和心酸?

达·芬奇纵横西方画坛,《蒙娜丽莎》是卢浮宫镇馆三宝之一,你可曾想到他儿时学画的枯燥和艰辛,艺术路上的坎坷和磨难?

没有什么能让人轻而易举获得成功,一切都要自己争取,而不是等着老天给你所谓的天赋。看到别人的成就以外,还要看到别人在得到这些成就之前做了什么、如何做的,而不是用天赋来解答一切无法解答的问题。

三

两个家庭背景相似的年轻人,十年后或许能有百倍的差距,这不是天赋的问题,而是在点亮技能树的过程中彼此选择了不同的人生道路,是因为大家努力程度不同,花的心思不同,对目标的渴求也不同。天赋在其中或许只起了 1% 的作用而已。

别人年少成名，写出的东西受众人追捧，而你写的无人问津，若你觉得这只是因为别人天赋比你高，那就大错特错了。也许真正的起跑线要追溯到十五年前，那时候别人已经开跑了。

我们不要想当然地迷信天赋，不要觉得努力后效果寥寥就是因为天赋不足。因为努力只是所有基本要素中的一个，而不是全部。如果努力就可以解决问题，那么很多问题未免太简单了一些。

我们要关注的是整条赛道，要看自己和别人是否挤入了同样的赛道，起跑线是否一致。如果不一致，就要看双方的差距有多大，研究一下如何一点一点缩小差距。说难听点，大多数情况下，你连努力都不足，用心都不够，钻研都欠缺，哪里轮得到谈天赋？

烈火烹油，鲜花着锦。行到水穷处的极致，坐看云起时的淡然，才是真正的"天赋"。

别用业余挑战别人的饭碗

一个篮球爱好者,能否打赢职业运动员,并被选中去打美国职业篮球联赛(NBA)?

一个业余四段围棋选手,能否跟职业围棋手同台竞技,甚至打败职业棋手?

一个在小区里跑步的健身达人,能否参加国际田径赛事,跟专业短跑运动员一较高下?

我相信大多数朋友会给出否定的答案。业余选手,甚至连业余选手都算不上的兴趣爱好者,怎么能跟职业选手同台竞技?二者根本不是一个段位的。

你在健身房练练散打没问题,可若是上台跟职业选手对战,人家或许一拳就把你撂倒了。无他,这其中的差距就是"专业+锤炼+时间复利"的结果。

一、神奇的逻辑

大道理谁都明白,可现实中总有些人缺少自知之明,觉得别人能做到的,自己应该也可以;别人能轻松赚的钱,自己看着也不难。你要是劝他别做,劝他三思而后行,他会认为你阻挡了他的财路,拖了他的后腿。

他们的逻辑往往是以下这样的。

(1)哎哟,这个项目好像挺赚钱;

（2）哎呀，好多人已经赚到钱了；

（3）不行，我要马上入场赚钱。

在他们的逻辑里，别人可以赚到钱，说明这个项目不难，他们自己也能做到，同样能赚钱。然后就是"时不我待"的感慨，巴不得马上就做，甚至等不到明天。

等真正着手做了，他们却发现并没有想象中那么容易，各种困难和麻烦纷至沓来，最终的结果就是折戟沉沙，输得彻底。

输就输吧，从中总结原因，吸取教训，将来东山再起。可他们不会这样想，他们的思路会进展到下一个步骤，并总结出以下失败的原因。

（1）大环境不好；

（2）风口错过了；

（3）运气不佳。

几年后，他们继续重复这样的循环。

二、无厘头的裁员

学员 Monica 曾在米课圈给我留言，讲述了一个悲伤的故事。Monica 不仅为自己的经历难过，也为老板的行为感到无奈。

Monica 的公司准备转型做口罩业务，老板把两个老业务员（包括 Monica）辞退了，新开了阿里巴巴的国际站账户，而且花重金购买了最高配置的套餐。与此同时，老板大撒银弹，请了专业的运营团队，主账号交给公司业绩第三的业务员负责，子账号全部分配给新员工去开发，甚至包括完全没接触过外贸的职场新人。

老板的行为实在太出乎意料了，Monica 难以置信。业绩在公司排第一和第二的两个员工被炒鱿鱼了。难道业绩做得太好也是错？

这个问题一直困扰着 Monica，她甚至开始自我怀疑，不知道究竟努力工作是错，还是深耕主业是错；业绩很棒是错，还是薪水过高是错。

这样莫名其妙的转型，莫名其妙的裁员，的确是让人摸不着头脑。

三、看不懂的梭哈

我尝试着换位思考，假设我是 Monica 的老板，我为什么把公司最强的两个业务员给辞退了？我想原因大概如下。

第一，公司转型做口罩，销售精英会被经验所困，不适合做短平快的订单；

第二，普通的业务员，包括如一张白纸的新人，或许更加容易培养；

第三，销售精英收入太高，转型时砍掉这块支出，正好可以用来弥补提成。

我实在想不出还有什么理由，需要把两个业绩最好的业务员裁掉，而保留业绩平庸的业务员。但可以确定的是，Monica 的老板如今好像在玩梭哈，已经在赌桌上摆出 show hand（摊牌）的架势，一把定输赢，不留后路。连公司业绩最好的两个业务员都可以放弃，这个决心不可谓不强烈。

只是我难以理解，为什么不能观望一下再做决定？比如，业绩最好的两个业务员随着公司的规划一起开发口罩订单，岂不是更好？能成为公司销售精英的人总是有两把刷子的，不至于换了产品，就连普通业务员甚至新人都不如了，这不现实。

而老板能花大价钱请运营团队，能支付阿里巴巴平台最贵的套餐费用，说明公司资金充足,不至于因为老业务员工资高而将其辞退。所以 Monica 的老板这一顿猛如虎的操作,我是真的看不懂,也许只有老板自己才知道,究竟如何看待这个问题,为什么做出这样的决定。

四、从 0 到 1 的过程

说到底还是思维方式的问题,只要他们自己没想明白,外人再怎么苦口婆心,再怎么摆事实、讲道理、举例论证,都是没用的。

在我看来,口罩业务在疫情环境下发展火热,是暂时的供求关系失衡,导致一些外行从中赚到了钱。但是这个窗口期一定很短,不可能长期维持这样的状态。

一个对口罩行业完全不了解的公司进入这个行业,怎么可能有实力跟那些拥有十几年经验的专业口罩生产厂家竞争呢?疫情伊始,口罩紧缺,很多商家甚至外行一拥而上,或许抢到了一杯羹。而如今各种管制和检测越来越严格,从商检到备案,从品质到出货,每个环节都严格把控,甚至还有白名单审核,这条路对于大多数外行是越来越窄,越来越难走了。

从 0 到 1,不是看别人做很简单,自己就能做到的。0 就是 0,1 就是 1,这个过程从来不是一步到位的,而是有了从 0 到 0.9 的量变过程,才有了 1 的质变。口罩行业跟其他任何行业一样,也有专业供应商,有行家,有以此为生的无数相关人员。一个外行,仅凭"我认为"就能打败那么多专业的同行吗?起码我是不信的,这不是一腔血气之勇就可以实现的。

养兵千日,用兵一时。没有长期的锤炼,没有经验的积累,用自己业余的知识去硬碰别人吃饭的家伙,头破血流的概率会很高。这就好比爬山,别人到了顶峰，是因为他已经走完了脚下的路，你又何以认为，自己从山脚仰望就可以一步天涯，直接登顶？

最后我想对 Monica 说，被裁不是你的问题，相信自己，You deserve better!

出自 —— 姜夔《过垂虹》

回首烟波十四桥

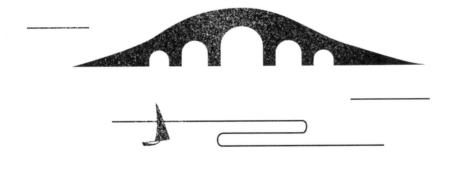

Chapter 07

情绪控制是职场必修课

一

有一个做外贸的朋友抱怨说,她跟同事在上海出差,参加一个行业展会,某天早上离开酒店的时候,主管要求她给其他同事买早饭,她难以接受,站在那里不答应也不拒绝,只是觉得十分委屈,眼泪一直往下掉。

她在群里抱怨道:"为什么主管要欺负我?为什么其他同事都大大咧咧报上自己要吃什么,而我要做这种事情?"

事情的结果是,同事们看她这个状况,也不强求,就自己搞定早饭了。

就这么一件在我们看来非常小的事情,居然会导致她情绪崩溃,很多人会难以理解。可事实上,这背后体现了两个问题。

第一,她对人对事过于敏感;

第二,她根本不懂控制情绪。

出差期间给同事买早饭只是一件很平常的事。今天你买,明天他买,后天另一个同事买,这没什么问题。哪怕每天都是你来买,别人另外算钱给你,这也没什么,有什么需要计较的呢?没必要上升到道德高度去批判。

非要认为是上司欺负人,那么上司也会觉得为难,什么事情都没法做了。

过于敏感就容易多思多想，别人无意中的一句话、很自然的一个眼神，甚至是皱一下眉，都会导致你猜测和联想到很多事情，这完全没有必要。

若一个人非常敏感，很容易被外界影响，外加不懂得控制情绪，那么可以断言，他的职业生涯会十分黯淡。

二

情绪控制，是职场的必修课，而不是选修课。每个成年人都要懂得为自己的言行负责，掌控自己的情绪。你可以伤心、难过、压抑，这是你个人的事情，但请不要把情绪带到工作中。

公司付给你薪水，是需要你提供相应的价值；客户跟你沟通，是希望得到专业的服务。没有人需要对你的情绪负责，更没有人会为你的坏情绪买单。

如果你无法控制自己的情绪，那么公司绝对不敢对你委以重任，上司也一定不会把重要客户交给你负责。万一有什么原因而导致你情绪失控，将给公司造成严重损失。

很多人会抱怨公司不公平，抱怨老板不明事理，明明自己工作能力很强，升职的却是不如自己的同事。在公司工作多年，随便一个新人的薪水都高过自己。

这其中的原因，能力是一方面，而能不能得到重用，能不能晋升，更取决于你在职场上能否掌控好自己的情绪，能否长期给别人留下得体的印象。

如果你给人的印象是冲动、易怒，脾气难以捉摸，随时论人是非，随时会跟老板辞职，那么就等于告诉别人，你是一颗定时炸弹，没人知道你什么时候会被引爆。公司为了控制损失，一定不会把重要工作和核心职位交给你，你注定是个被边缘化的小职员，很难有所发展。

你可以不满，可以不开心，但是请注意，公司不是你家，老板不是你父母，没有人愿意听你唠叨，也没有人在意你的情绪好坏。一切都要自己调节。工作中要用工作说话，一切回归本质。别用什么"坦率""直爽""性格直接"来为自己开脱，这都是借口。别人不欠你的，没义务忍受你多变的情绪。

三

我在外企工作时，某个供应商的业务员突然情绪崩溃，写邮件给我们采购总监，控诉我的某个同事对他们公事公办，控诉我们公司的要求太多、太苛刻，一点都不近人情。从验厂到测试到打样，她花了大量时间，觉都睡不好，但是最后我们这个订单还是给了她的同行。

她的用词十分激烈，说自己怎么改、怎么做都不行，她不伺候了，让我们爱找谁找谁，她就当作踩了一脚狗屎，让我们以后不要写邮件给她，不要询价，她要把时间投入到更值得投入的客户身上。邮件中有一句话特别有意思，把我逗乐了。她说："你们想用买香蕉的钱来买黄金，那是做梦！别人便宜，你找别人买啊，你觉得自己买到了黄金，但这是伪装成黄金的屎。"

这个比喻很好，很灵动，我觉得她挺有写文章的天赋，也有点幽默细胞。但是不管怎样，这个邮件一出，她针锋相对地发泄自己的怒火，就说明她难以控制自己的情绪，也约束不了自己的行为。

结果呢？我们的采购总监把她的邮件抄送给了办事处所有同事，告诫大家从系统里删除这家供应商，将这家供应商加入黑名单。

要知道，这家贸易公司每年可以做我们 7 个项目组，加起来共有 400 多万美元的订单。而这次询价的这款椅子，仅仅占了不到 7 万美元的订单。结果，这个业务员的一次情绪崩溃，连累她公司所有同事永远失去了我们这个客户，丢掉了来自我们公司的所有订单。

最后，这个业务员的大老板只能亲自出面道歉，并且立刻辞退了这个业务员，以作为最严厉的惩罚。

四

仅仅因为没有控制好情绪，就给公司造成了巨大损失，还连带自己丢了工作，导致自己在职业生涯中留下了一个污点。试问，如果她换一份工作，一旦新公司知道她是以这种原因被老东家辞退的，新公司还敢用她吗？

每个人都有自己的压力，都有自己的心酸和痛苦，这本来就无从比较，没有谁比谁更轻松。我们经常开玩笑说，容易在工作中发脾气和闹情绪的，都属于比较幸福的。因为他们能承受的压力太小，才能够容许自己在情绪上肆无忌惮。

在学校时，也许没人教你情绪控制；在家里，也许大家会安慰你、容忍你、迁就你。但是在职场上，现实会给你上一课，甚至狠狠给你一个耳光。如果你控制不好情绪，你迟早会为此买单，只是时间早晚的问题。

再不高兴也要学会在当下沉住气。再大、再难的问题，都可以在深思熟虑后找到更好的处理方式。一时的怒火、恼羞成怒后的出言不逊，只会把事情办坏，只会让别人进一步远离和孤立你。

性格决定命运，情绪影响人生。

小心你的朋友圈

一

一位在猎头公司管理层工作的朋友告诉我，他们如今越来越喜欢通过社交软件来评估一个候选人的真实情况。大家会特别留意候选人的微信朋友圈，以此来刻画候选人一个基本的画像。

我当时很好奇，问道："朋友圈能看出什么来？"

这位猎头朋友神秘一笑，说："通过发的朋友圈，可以看出一个人的性格是沉稳还是浮躁，兴趣爱好有哪些，喜欢关注什么话题，对什么样的公众号内容有兴趣。这些信息都是我们评估一个候选人的重要参考。"

我越发好奇了，我怎么说也招聘过不少外贸人员，我怎么就不知道通过这种方法能看出这么多东西来？他嘲笑我是外行的同时，给我讲了一个案例。

二

这位猎头朋友的公司受一个客户委托，物色一位外贸业务总监，待遇是百万元年薪外加福利和绩效奖金。外贸业务总监需要对德国零售市场非常熟悉，熟悉工具行业更好。如果薪酬方面不满意，还可以适当放宽。于是我这位猎头朋友开始在公司的数据库和自己的人脉圈里寻找，最终锁定了两位比较合适的候选人。

第一位，女性，30 岁，毕业于广东的一所普通本科院校，在一家小贸易公司服务了 7 年，没有跳槽经验，非常稳定，带领 10 个人的业务团队，年销售额大约是 270 多万美元，其中德国市场占比接近 50%。产品以文具为主，也有一些礼品、工具和园林用品的业务。

第二位，女性，33 岁，"985" 院校本科毕业，在英国拿到了研究生学历，在一家中型贸易公司服务了 5 年，总的工作经验有 9 年，目前是这家公司的销售副总，做手工工具和电动工具，有稳定的供应链，专攻德国市场，服务过德国三大零售超市和众多德语区的建材类和工具类客户。德国市场的团队业绩大约是 600 万美元，并且 5 年来，每年保持着 30% 以上的增长率。

从学历、工作经历、对口程度、管理能力、区域市场匹配度来衡量，第二位候选人都更加出色。也就是说，她或许是更加合适的业务总监人选。

但我知道，猎头跟我说这个案例，肯定不是表面看到的那么简单，后面一定有"但是"在等着我。

只听他说："但是，我认真观察了两个人的朋友圈，果断放弃了第二位候选人，直接推荐了第一位候选人给客户，后来这位候选人顺利通过面试，如今已经入职了。"

我很诧异，朋友圈的内容还能如此影响一个人的职业！这貌似也太武断了。

三

他知道我不信，于是打开手机给我看。只见第一位候选人，头像是自己孩子的照片,微信签名一栏是一句口号:"做最好的自己!"下滑看她的朋友圈,并没有什么特别的内容,不是转发公司老板的口号,就是发几张开会学习的照片,评论一般都是"王总威武!""大家都要加油!"之类的话。

"这还是合格的候选人?这种拍马屁的内容能说明什么呢?我随时能编出100条不重样的。你们是大猎头,赫赫有名的500强企业,对于候选人的要求什么时候变得这么低了?"我嘲笑道。

"别急,你再看看另一位的。"他毫不介意我的怀疑,还是一脸嬉皮笑脸。

另一位候选人的朋友圈可就丰富多了。头像是一张风景照,微信签名是奥斯卡·王尔德的一句诗。她当天发的一张照片是在高级酒店吃大餐,图片精修过,非常精致,透过图片都能感觉到食物的美味。前一天发的是拜伦的几句诗,配着英国乡村的照片,十分文艺且有内涵。

再往前是旅行照片,一连好多天,每天更新多次,每次都是九张图填满,每张图都经过精心处理过的,甚至将多张图片排列后做成下拉式的长图。从构图到寓意,给人感觉都很有格调。

再往前翻,还有开会和团建的图片;有逛街吃饭的照片;有购物的照片;有自拍照,角度都抓得很好。文案和内容都挺出彩的,让我这个半职业作家都自愧不如。

我觉得这就是一个正常的职业女性的工作和生活的展现,没什么问题。当然,我没好意思评论的是,这位女性的颜值很高,穿衣打扮都很有品位,是我欣赏的类型。

猎头朋友一拍脑门说:"忘了,有好几条朋友圈她删掉了,我都保存着呢。"于是他点开相册给我看。

第一条是抱怨老公的:"你再不回我电话,我是不是要去报警找你啊?我真是瞎了眼,怎么嫁给了你这种人……"

第二条是埋怨婆婆的:"你就只知道帮你这傻儿子吧,看我跟你儿子离婚,让你哭都没地方哭……"

第三条是讽刺同事的:"有些人啊,别以为做了个小订单就尾巴翘上了天,姐要想敲打你,分分钟就让你丢掉工作……"

第四条是暗讽老板的:"疯了疯了,怎么有这样的人,老娘拼死拼活把业绩做出来,现在随便一套制度,就要彻底绑死我,爱咋整咋整,大不了不干了,看看谁少不了谁……"

猎头朋友提到,这些内容都是在发了以后又删除了。有些是秒删,正好被他看到了。有些是半小时或一小时后删除的。而这样的内容,我朋友只截图了四五条,也许还有更多发了后删除的,我朋友根本没看到。

我默默点了点头,开始明白这位猎头的选择。

四

很明显,第二位候选人能力或许很强,但是性格有缺陷,情商也不太高,碰到问题需要找渠道宣泄。她明知从朋友圈发出的东西别人会看到,但还是忍不住发作,气消了,或者想通了再删除。

但职场不是小孩子过家家,不可以随意使性子,不可以一不开心就掀桌子。这些负能量的内容暴露出来的是她性格的不沉稳,而所有的岁月静好、专业精致,都是她有意识地经营出来的,就跟大家的简历一样,都经过了全方位的美化。

不能很好地控制自己情绪的人，就像一个炸药桶，随时会爆炸，随时会出问题，企业怎么敢对这样的候选人委以重任？也许第二个候选人做一个主管是合适的，但是在一个大公司里做独当一面的外贸业务总监，还有很多的缺陷和不稳定因素需要克服。

如今是互联网时代，我们的一言一行都会被有心人留意和关注。网络上的言行就像无声的语言，记录和展示着一个人的细微之处。

朋友圈的我们未必是真实的自己，只是我们想展示给别人的自己。而我们不想展示的东西，或许会在一些地方不经意地暴露出来。我们应该时刻控制自己的情绪，谨言慎行。

借口多了，人就废了

一

对于洛克菲勒这位商界巨子，给他再多的溢美之词都不为过。他是真正白手起家的典范，是19世纪第一个亿万富豪。

《福布斯》曾公布"美国历史上15大富豪排行榜"，洛克菲勒名列榜首，直追他的前辈——比他早出生70年的世界首富伍秉鉴。

洛克菲勒在写给儿子的38封信中曾提到一位打高尔夫球的船长。他非常欣赏那位船长，因为船长输球后从来不给自己找借口。事实上，那位老船长可以说自己年纪大了，也可以说准备不充分，又或者说体能和精力不如年轻人等，让失败显得不那么难堪，但是他从来不那么做。

在这封信的末尾，洛克菲勒是这样写的："借口是制造失败的根源。一个人越是成功，越不会找借口。99%的失败都是因为人们惯于找借口。"

扪心自问，当你做不好一件事情的时候，你愿赌服输吗？是承认自己真的不够好，还是找个借口自我安慰呢？

二

别人工作不错，我们会说，他运气好，进了好公司。

别人成绩不错，我们会说，他家境好，受了良好教育。

别人收入不错，我们会说，他机会好，碰到了好老板。

永远有借口，永远有理由，为什么就不能接受别人真的是年轻有为？因为可悲的自尊心不允许我们承认失败，我们不愿意面对现实，于是会用一千、一万个理由来为自己脱身，其实这样做毫无意义。

年轻的时候我们愤世嫉俗，觉得自己怀才不遇，对世界上一切不公平的现象说"不"，这种"愤青"的状态是可以理解的，因为年轻。

可若是在职场混迹十多年后仍然"不改初衷"，只是从"愤青"变成"老愤青"，那就要从自己身上找原因了。比如，借口太多，一碰到问题就逃避，给自己的懒散和无能找替罪羔羊。

三

你做不完的工作，总有人可以完成。

你攀登不了的高峰，总有人可以征服。

你觉得不可能的任务，总有人可以完成。

你觉得无比困难的技能，总有人可以掌握。

这个世界上所有的不可能，都是用来打破的。如果屈从于现实，一次次打退堂鼓，只能任时间流逝而没有任何收获。

不妨认真想想，你身边那些成功人士，那些"别人家的孩子"，他们是如何面对困难和解决问题的。说一声"放弃"很简单，可你真的尝试过吗？真的拼尽全力争取过吗？人对于未知的事物会本能地畏惧和抗拒，害怕面对不可知的未来，这是人的天性，但畏惧、抗拒不代表不能战胜困难。能克服心理障碍、勇于面对和探索的人，才是真的勇士，是人生路上的攀登者。

四

传说，明朝万历年间，号称天下第一关的山海关年久失修，经过风吹日晒，就连"天下第一关"这五个字中的"一"字也日渐脱落。

这块匾本是明宪宗成化年间进士——福建按察司佥事萧显所书。一百多年过去，到了万历年间，字迹脱落是自然的事情。

朝廷要求重新恢复这五个字，毕竟是"两京锁钥无双地，万里长城第一关"，怎么能连个像样的匾额都没有，太说不过去了。可朝中几位大人都尝试了，这个"一"字怎么都写不出萧老先生的味道。

皇帝无奈，于是昭告天下，谁能把这个"一"字写好，就能获得重赏。可结果让人大跌眼镜，一位店小二打败了所有饱学之士，写出了这个"一"字的风骨和神韵。

众人好奇，一个店小二如何能办到两榜进士都办不到的事？

店小二回答，其实没有什么秘诀，就因为他二十多年都在店里当小二，天天对着山海关的牌匾，擦桌子的时候习惯性地用抹布临摹。时间一长就有了感觉，能把这个"一"字写出来，甚至写得惟妙惟肖。

五

这个故事不论真假，起码告诉了我们一个道理：专注能带来意想不到的力量。

一个店小二，可能连书都没读过，也没有名师大儒指点功课，更不知书法为何物,却能做到大家都做不到的事。如果这位店小二认为自己不行,一开始就打退堂鼓,不敢尝试,又怎么可能有意外的收获呢?

有一些"聪明人"总喜欢走捷径,想不费力气或者少费力气达到目的,结果往往走了太多的弯路。而许多"笨人"因为没有想太多,只是执着地坚持,经过时间的淬炼,终会铸就自己的核心价值和竞争力。

碰到困难的时候,先别找借口,先认真想想,自己付出了多少心血做这件事情,有没有尽到全力。

这个世界上本没有奇迹,无非是千锤百炼后的结果。

借口多了,人就废了;专注久了,奇迹自来。

你不是佛系青年，你是懒

一

"佛系青年"这个词不知道从什么时候开始流行起来，弄得许多人都喜欢把"佛系"挂在嘴边。要是你太功利、太激进，反而会引起一些朋友的嘲笑和规劝："佛系一些吧，人生短暂，不要把精力投入在许多无意义的事情上。"

有的时候我会想，这么努力、这么拼究竟为了什么？究竟值不值得？很多人没有那么强烈的事业心和物质追求，反而过得轻松自然，状态和心态都好很多。

这个时候或许有朋友来劝你："停一下吧，看看这个世界，有太多事情值得去关注，不要把自己逼得那么狠，要多休息。工作嘛，过得去就行了，佛系一些就好，事情永远做不完，赚钱是无止境的。"

听起来有些道理，我们应该把时间花在享受人生上，不要为了五斗米而折腰，不要有了五斗米还巴望着外面的十斗米。可事实上，很多人佛系并不是心态有多好，而是为自己的懒惰和无能找借口！

努力一下，发现很难成功；用心几天，发现实在辛苦。一次次碰壁，一次次被现实打击得体无完肤，一旦找到了"佛系"这个借口，便顺理成章地有了自我安慰的良药。

我不是不能升职，而是觉得没必要那么拼，佛系一些吧。

我收入比较稳定，是我不想牟足劲赚钱，佛系一些吧。

我对跳槽没兴趣，工作去哪里都一样做，佛系一些吧。

我对换房没想法，小房子住得也很舒服，佛系一些吧……

真的没兴趣？真的没想法？让你升职你不要？给你加薪你拒绝？猎头三倍薪水挖你，你无动于衷？用三分之一的市场价买一套大房子，你会继续佛系？我想大多数人是不会的。利益送上门，怎么可能不要？之所以佛系，是因为靠自己的双手得到这些东西太难了，要付出的辛苦和时间太多了！

佛系，除了是自我安慰，也是自暴自弃下的一种出路，用这个理由让自己的无所事事、不上进变得心安理得。对于大多数人的"佛系"，我的理解是，你不是佛系，你是懒！

二

这个世界上的绝大多数人是没有资格佛系的。

我有个朋友的确很佛系，他是我的老板，也是合作伙伴。他每天可以用大量时间阅读思考，享受人生，早上睡到自然醒，下午去公司待几个小时，看看有什么需要帮忙的。几千万元的新项目，他完全提不起劲，多赚点少赚点根本无所谓，每天股票的波动都是七位数上下，看都懒得看，心态完全称得上佛系。

可事实上，他佛系是因为他已经实现了财务自由，可以把更多精力放在家庭上，放在人生价值和意义的思考和体验上，可以不用把全身心的精力放在工作上。

早些年呢？他也需要所有工作都亲力亲为，全力以赴，经历过起起落落，经受过江湖风雨，才有了今天的事业和地位。不劳而获根本不可能，只有当你有了充分的收获，或许才有资格考虑自由，做到佛系。

曾经看过郭德纲的一个采访视频，他提到自己当年三次进北京拜相声大师学艺而不得。他认为自己能有今天的成就和地位，全是凭当年自己一无所有，加上前辈们的挤对打压，硬生生逼出来的。但凡一开始哪位老师肯留他，收他进门，或许就没有后来的德云社，也就没有郭德纲在相声界独树一帜的地位了。

郭德纲说过两句话，我印象很深刻。第一句是"我愿意给你当狗，但是你怕我咬你，你非把我轰出去，结果我成了龙了"。第二句是"使我有洛阳二顷田，安能配六国相印"。

他是用苏秦的典故自比。《史记·苏秦列传》记载："苏秦喟然叹曰：此一人之身，富贵则亲戚畏惧之，贫贱则轻易之，况众人乎！且使我有洛阳负郭田二顷，吾岂能佩六国相印乎！"

郭德纲努力了几次不成，如果他认命，觉得自己不行，或者运气不佳，开始变得佛系，那么他今天或许只是一个平庸的大爷。

三

在当今的竞争社会中，佛系的心态是最要不得的，否则会严重妨碍一个人的成长。

当你一事无成、碌碌无为时，当你受到打击时，佛系都有可能变成你的挡箭牌，让你在艰难的攀爬过程中放弃。上升的通道一定是狭窄的，磨炼的阶段必然是辛苦的。心怀梦想才能在高山之巅仰望星空，思考人生的意义。年轻人一旦追求佛系，就意味着在竞争社会中逐渐放弃竞争，随波逐流，跟身边人的差距就会越来越大。

忘了在哪里看过一个小故事，大意是这样的。一只鹰坐在高高的树上休息，无所事事。一只小兔子看见鹰如此悠闲，于是上前问他："我能像你一样休息，什么事情都不干吗？"

老鹰回答："当然可以啊，为什么不行？"

于是兔子就在老鹰下面的地上躺着休息。突然间，一只狐狸出现，猛扑向兔子，抢到了自己的午餐。

这个故事告诉我们，要想悠闲度日、无所事事，就必须坐在非常高的位置。当你拥有这个能力和眼界时，才可以从容地享受片刻的悠闲时光，才可以佛系，不介意一些得失。

可如果你没到这个高度，没有这份能力，没有足够的经验和阅历的沉淀，那么为了佛系而佛系，就等于放弃了对自己命运的主宰，只能被现实推着走，没有任何反抗的能力。

四

对于每个人而言，一生中改变自己命运的机会可能只有三次。

第一次是父母给的。父母给了我们出身，而出身这一点我们无法选择。优越的家庭、良好的教育、美好的成长环境是每个人都向往的，但是未必人人都能拥有。

第二次是伴侣给的。你们的孩子和家庭，你们的生活和将来，需要用自己的双手创造。伴侣如果乐观、上进，那么我们也可能会随之而改变。

第三次是自己给的。靠自己的不懈努力，打破固有的生活僵局，拼一个未来，这是最直接的机会。我们如此之长的职业生涯，可以改变和创造的太多了。

若这三次机会都错过了，选择佛系面对这个世界的变化，那么不确定因素就太多太多了。难道真的要等天上掉馅饼吗？

即使天上真的会掉馅饼，你又凭什么认为馅饼会砸到你的头上？那些随时做着起跳准备的人，难道不会在馅饼掉下来的一刻迅速从你头上抢走吗？

很多拥有更好资源的人，起跑线已经比你靠前了一大截，他们还勤奋努力，用心学习，还铆足了劲往前冲，你又有什么资格佛系？除非你已经决定认命，决定放弃。

起点差，出身低，底子薄，这从来不是原罪。你不努力，不用心，把时间浪费掉，这才是原罪，怨不得别人不给你机会。

无能的人会选择佛系，自怨自艾；真的勇士会奋起直追，全力以赴。

没有伞的孩子就要努力奔跑，拼一个前程似锦，引一世繁华加身。

五

生存压力大、贫富差距大、逆袭很困难，这都是事实，可如果你变得佛系，随波逐流，这些事实依旧存在，只是你把自己封闭起来了。这个世界还是照样转动，少了谁都没关系。

马伯寅的《北大青年》一书中有这样的句子："你所做的一切，都塑造着你的骨肉和思想，也改变着某个角落的时空。然后，锱铢积累，水滴石穿，一切都将虹销雨霁,云开月明。"

如果你不愿意庸庸碌碌,不想一辈子蹉跎无为,就放弃"佛系"这个词,因为它哪怕有三分自嘲,两分无奈,都会拖住你前进的脚步。

收起幻想,抬起头,正视前方吧。

当聪明人遇到困境

一

在米课圈看到一个很有意思的案例,有位朋友抱怨在国外做地推比较困难,很多客户约不上,或者很容易吃闭门羹,而且英语不是自己的母语,拿起电话临场发挥的时候,多少会有些紧张。

如果让我给他点建议,我的思路大致可以分为以下几个步骤。

第一,拜访客户。最理想的状态是预约,在国内的时候就先跟客户约好。比如,告诉客户你计划到澳大利亚出差,把具体时间也告诉客户,然后告知对方希望有机会与他见面,谈谈具体的项目。

第二,重复第一步,把大致可以约见的客户罗列好,定下基本的时间。因为客户可能会临时调整,所以我们一般会预先留出前后的时间,以随机应变。

第三,当前两步完成后,若时间还有富余,就在当地通过 Google 或社交软件搜索目标客户,然后打电话说明来意,再发邮件跟进,试试看能否有意外之喜,预约到客户。

第四,陌生拜访自然是需要的,但这仅仅是辅助的。当能拜访的客户都拜访过了，剩余时间就是赌赌运气，查询目标客户的门店或者办公室地址，鼓起勇气上门。

第五，准备好详细的公司简介和相关内容，带足资料和样品，不至于在跟客户谈判的时候一问三不知。

第六，准备好伴手礼，礼多人不怪。

二

当我看到老友汪晟对此条消息的回复时，我默默打消了给出我的建议的想法，把已经写好的内容一行一行地删除了。因为我发现，我说的都是很教条的内容，也就是说，大家都知道，往往也会这么做。这些基本功有助于把事情做得条理化和专业化，却无助于破局。

老汪是这么回复的："下次过去约客户约不到的时候，可以临时雇一个本地人，付时薪，让他/她打电话跟对方说："我中国的老板想见你。"这样比自己约陌生客户的效果要好。在语言能力偏弱的情况下，甚至可以带他/她去做地推……"后面还补充了很好用的网站和工具，介绍了如何找到这样的人。

我不由感慨，当我们正儿八经做事的时候，也应该想想有没有其他可能的"偷懒"的办法。或者说，在碰到困难的时候，可以做一些变通，另辟蹊径，从侧面达到目的。

对于老汪的敏捷思维，审时度势，我不得不佩服！假如我处于他的立场，这些我肯定是做不到的，我的思维发散不到这个层面。

或许多给我一些时间，我也能想到这样的办法，但是绝对没有那么快。

这种"急智"就是最了不起的。

这就是典型的聪明人，总能在不经意间奇招迭出。

三

突然想到几年前我在新西兰的一次经历。因为那时候有在当地买房的打算，所以我需要开一个当地的银行卡。于是我打电话给 Westpac 银行进行预约，然后去银行开户。

有过海外求学和工作经历的朋友都知道，要申请银行账户，需要有一个当地的合法住址。但是我们中国人往往习惯找华人租房，朋友间签一个简单的协议，然后通过支付宝等平台转账来支付房租，不存在当地账户之间的交易，更何况我当时还没有开户。也就是说，我并没有合法的租房合同，房东也没有给政府交税等，我们的租房交易是私下进行的。这样一来，我就无法拿到合法地址去银行开户。

要取得银行认可的合法地址，要么通过合法的租赁合同，上面列清楚我的名字、护照号、签证信息、详细住址；要么通过银行或者相关部门的水电费类的账单，如果有这里的账单就能证明住在这个地址；要么就是持有当地的驾照。

而我当时的情况是，我没有租赁合同，我找华人租的房是用人民币转账的；水电费之类的账单上是房东的名字，跟我没关系；我那时刚从国内过去不久，持中国香港驾照在新西兰开车，没有当地驾照。想来想去，所有的条件我都不满足，我无法得到一个合法的住址证明。

怎么办呢？我一个同事采取的是硬杠的手法，要求他的房东必须给他提供合法租赁合同，因为有了租赁的事实。如果房东不给合同，他就去有关部门告房东。结果弄得双方很不开心，我同事也被赶走了……

而我在办手机卡的时候，偶然得到了灵感。当时在奥克兰东区的某家沃达丰（Vodafone）营业厅，一位韩国小哥接待了我，推荐了一个适合我的套餐，然后复印了我的护照和签证页。在登记了详细信息后，这位小哥让我填写我的居住地址，并且表示，以后每个月的账单都会寄到这个地址。

我突然想到了破局的办法，连忙跟这位小哥说，希望他当下就寄一封信给我，列一下我的套餐和账单，寄到我的住址。这位小哥表示可以，就给我寄了一个余额明细表，表内有我的套餐资料和电话卡的余额。

这下终于达到了目的。接下来的三天内，我就收到了 Vodafone 寄给我的一封信，上面列明了我的名字和住址。我带着这封信，作为住址证明，顺利在两家银行开了私人账户。

四

举这个例子不是为了标榜我有多聪明，而是想说，大多数人的急智是在某个场景下受到启发，而后调动过往的生活经历才迸发出来的，而不是凭空就能想出一整套的解决方案。

遇到困境的时候，迅速找到可能的出路，马上执行、尝试，这个难度不是一般的大。它需要我们多思考、多经历、多阅读，不断创新，用各种可能的方法去假设和求证。

我现在总是提醒自己要勤于思考，总会想，如果汪晟碰到这个问题，他会如何处理。如果正兵无法破局，那么如何用奇兵？

聪明人面对困难的时候，是不会到处问该怎么办的。他们总能找到办法解决问题，而不是制造更多的问题。

希望我们都能成为聪明人。

摘得星辰满袖行

出自 / 王国维
《鹧鸪天·刈炬归来酒未醒》

Chapter
08

金子原是不会发光的

一

我们都听到过类似的话:"只要是金子,总会发光的。"这句话出自德国大哲学家尼采,他的原话是这样的:"是金子,埋在哪儿都会发光。"

我们从中得到了暗示,加上自己的脑补,就变成了"只要自己是人才,终究会飞黄腾达,到达自己应该在的位置"。

可事实真的是这样吗?

从物理学的角度看,黄金本身是不会发光的。而且不只是黄金,包括我们肉眼看上去闪闪发亮的铂金、白银,其实都不会发光。它们之所以光彩夺目,是因为它们的反光能力特别强。

目前我们普遍认为,光的本质是电磁波,当光线接触到金属时,一小部分会被金属表面形成的等离子体震荡吸收,而大部分会被反射而无法进入材料内部。

黄金是金属的一种,几乎所有的金属都由金属离子和大量的自由运动的电子组成。就是这些运动的电子,把大量的光线反射了,这才有了我们视觉上所认为的"发光"。

在没有光线或者光线很微弱的空间里,哪怕你手里拿着一大块金子,它也不会发光。

二

如果将金子比喻成人才，人才自己能发光吗？大多数情况下不能，人才要发光，需要有特定的环境和场合，也关系到平台和机遇。

这就是为什么人们会有"千里马常有，但伯乐不常有"的感慨。在没有遇到伯乐的时候，如果千里马其貌不扬，那么或许就没有被相中的机会了。

在职场上，我们有能力、有才华是好事情，可也要匹配相应的资源、平台，或者有贵人相助，这样或许才有一飞冲天的机会。所以，"金子"要做的是巧妙地展示自己，更大程度地曝光自己，让更多人知道和关注自己。

表面上看，有才能的人到哪里都能混得开，去哪里都能生存，去哪个城市都不愁没饭吃。可事实并非这样，人才有聚集效应，其对应的产业同样有聚集效应。

举个例子，你是互联网领域的工程师，名校毕业，技术过硬，照理说可以谋得一份不错的工作。但国内这类职位高度集中在北京、深圳、杭州等互联网公司扎堆的地方。如果你偏偏要留在湖北襄阳工作，也不是不行，但襄阳的互联网领域大企业和相应的优质资源就会少很多。你或许是人才，但是襄阳没有让你一展抱负的机会，同样没有很好的平台去栽培你。

另外，就算你能力出众，是被埋没的金子，但在公司里，决定你的职位、薪水和工作职能的是你的上司，是老板。而他们未必会看重你。他们也许会留住你，你也愿意留下，可这不代表你能发光。

聪明的"金子"会想方设法找到光源，把自己照得金光闪闪的，这样才能吸引别人的目光。我们不能依靠盲目的毛遂自荐让自己脱颖而出，在缺乏像样的背景和金字招牌的时候，自荐是不具备说服力的。

三

三国时，诸葛亮声名赫赫，辅佐刘备定蜀汉江山，他是金子吗？当然是。那么他是如何发光的呢？难道是因为他有才能、有学识，像个大灯泡一样，几千里之外的人都能看得到他？

事实并非如此。古代通信不发达，要让众人关注，就一定要巧妙地营销自己，把名声打出去。

诸葛亮是怎么做的呢？写文章？写诗？到处投简历？都不是。他采取了另一条路：隐居。因为在那个时代，大人物都有一种观念，就是真正的人才都是隐居的，俗人才会在外谋事。

诸葛亮没有资历和人脉，也没有名声，隐居有什么意义呢？大家都没听说过他，也不认识他，隐居岂不是更加没人知道他了？孔明先生可没这么傻，他有一整套"个人IP"的打造方式。他的手法可是一环扣一环的，这第一板斧就是"炒作"！

怎么"炒作"？他整天在人前高声吟唱《梁父吟》。大家或许要问，《梁父吟》是什么？其实这是给死人送葬时唱的歌，差不多是一路归西、一路走好的意思。

诸葛亮一天到晚唱这种不吉利的歌，别人怎么想？加上诸葛亮故意时而疯癫，时而正常，大家都觉得他精神分裂。慢慢地，外地人都知道这里有个人很奇怪，大家好奇得要命，都想来亲眼见见诸葛亮。

四

结果,外地人都竞相前来,想看看诸葛亮究竟是什么样的"怪人"。没想到一见面、一聊天,发现诸葛亮很正常,不仅没毛病,而且思维清晰、才华横溢,分析时局一套一套的,非常了不起,绝对是青年才俊。他平时喜欢自比管仲、乐毅,看来并不夸张,他是有真才实学的。

借由这一套"炒作"手法,宁可被当作神经病,也要把名声打出去,来个恶俗营销都在所不惜,果然得到了意想不到的效果。诸葛亮由此结识了徐庶、庞统、马良这些同样有才华的年轻人,扩展了他的人脉圈。

这样做还不够,靠几个年轻人相互吹捧,大人物未必会知道他。怎么办呢?诸葛亮还有第二板斧,就是架构平台。

史书上记载,诸葛亮妻子貌丑,但是他妻子是当地名士黄承彦的女儿。通过这次联姻,诸葛亮得到了黄承彦在襄阳的人脉,可以跟其他名士相互论交。黄承彦还有另外一个重要身份,就是蔡瑁的妹夫。

蔡瑁协助刘表平定荆州,是刘表的军师和智囊,位高权重,俨然一方诸侯。而刘表本身就是皇族,东汉末年被朝廷封为镇南将军,可谓独霸一方。

镇南将军在那个时候是什么地位,可能大家还不理解。我举个例子,曹操当时的官职是镇东将军,跟刘表平级。

虽然曹操能凭实权挟天子以令诸侯,还有录尚书事这个实权宰相的职位,但是刘表也算是一方土皇帝,曹操根本命令不了他。诸葛亮在刘表的地盘,当然很清楚谁是老大,谁才是这里真正掌权的人。通过岳父黄承彦,诸葛亮得以跟蔡瑁有些交情和往来。再通过蔡瑁穿针引线,刘表就知道了诸葛亮的存在。

五

也许你会说，这万一是巧合呢，诸葛亮和妻子或许就是真爱啊，不能这么功利。那就看看第二个巧合，就是诸葛亮的大姐嫁给了蒯祺。

蒯家是南郡望族，其家族出了不少人杰，蒯祺自己是房陵太守，两个叔叔蒯良和蒯越都是刘表的谋士。蒯越在刘表死后投降曹操，一度当到了九卿之一的光禄勋，可谓位高权重，这都是后话了。

诸葛亮大姐的这一次联姻，大大提升了诸葛家族的分量，也让诸葛亮借此跟荆州、襄阳等地的望族拉上了交情。

如果这还是巧合，那还有第三个巧合，就是诸葛亮的二姐嫁给了庞山民。这又是一个了不起的年轻人，背后也藏着一个大家族。他姓庞，凤雏先生庞统就是他堂弟。所以卧龙凤雏，居然还是姻亲。

通过三次联姻，诸葛亮一个外来户，跟本土势力最强的几个家族就有了千丝万缕的关系，自己也成功打入了上层交际圈。这还是巧合吗？

除此之外，诸葛亮还有第三板斧，就是用名人为自己背书！

他拜隐士水镜先生为师，一直执礼甚恭，把师傅伺候得无微不至。而且他的确有才华，让水镜先生深感欣慰，觉得他可以传承衣钵，于是也卖力给徒弟站台，逢人便夸诸葛亮的才华和见识。

这么三板斧下来，先炒作，再架构平台，然后打造口碑，诸葛亮很快就名动天下，引得刘皇叔三顾茅庐，他也终于得以像金子一样发光，而且无比耀眼夺目。

六

如果诸葛亮没有那三板斧,仅仅在当地死读书,能有这样的成就吗?能一路做到蜀汉的丞相吗?

很难说,但是这条路一定不会太容易。以现代的眼光来看,诸葛亮是对的,他是真正的人中龙凤,所以知道如何替自己造势,如何利用平台和资源,如何通过名人背书来增加可信度,从而把自己打磨成一大块闪亮的金子,熠熠夺目。

诸葛亮的案例可以说明,不要迷信努力就能改变一切,如果仅凭埋头苦干,也许你终此一生都会遗憾和抱怨。

认真工作,打磨一门核心技能,这十分有必要,这是自己吃饭的家伙。但与此同时,也不要在一棵树上吊死,要多看看外面的森林,随时物色更好的机会和跳板,寻求一飞冲天的机遇。

不要被自己的思维所限制,觉得这个不行,那个不够,这里有风险,那里有困难,没做过怎么知道呢?

如果你真是金子,也要设法营造各种对自己有利的条件,把光反射出去,让自己卖个好价钱。有了身价和地位,有了伯乐和资源,你才可以从容不迫地展示自己的能力和才华,才不会跟好机会失之交臂、擦肩而过。

正如作家路遥所说:"生活不能叫人处处满意。但即使这样,我们也要不断尝试,不能被世俗的眼光给绑架,打破禁锢,活出属于自己的骄傲与精彩。"

走捷径的人理解不了时间复利

一

元代诗人王冕的《遣兴 其一》有这样的句子:"风云一转折,事业不可筹。何如涧底泉?清清长自流。"诗句道尽了人生的无常,风水轮流转,东方不亮西方亮,也是很自然的事情。

我有一个中学同学,是一等一的学霸,成绩一直排在年级前三名,而且每门功课都很强,基本没有偏科。更厉害的是,他过得逍遥自在,打游戏、踢足球、旅行、玩台球、打保龄球,几乎没花多少时间在功课上。他不是那种人前逍遥人后拼命的人,或许是因为智商极高,学习效率和理解能力都超强,别人要学很久的东西,他简单翻翻课本、稍微理解和思考一下,马上就能举一反三。

他的存在,颠覆了老师说的"成绩都是靠题海堆出来的"这一观点。他平时连参考书、辅导书都没有,除了学校的课本,其他什么书都不买,什么题都不做,但他就是有本事每次考试都名列前茅。

他有一套自己的逻辑,会根据试题揣摩老师的出题思路,反向寻找课本中对应的知识点,然后自己整理和梳理课本的重点内容和考点。因为他知道,所有的考题一定是对课本中某个知识点的应用,或者是对多个知识点的综合应用。这就是他的捷径，无往不利。所以，在别人拼命做题的时候，他根本不需要做题，而是从结果反推，从试题中寻找出题方向，然后解构内容，精确定位到具体的知识点。

按照现在的网络用语，这就是上帝视角。其思维远高于同龄人，所以他可以用极少的时间得到相当丰厚的成果。

后来他以全市前十名的成绩考上了当地最好的重点高中，几年后又以高分考上了复旦大学，然后去美国学了计算机，去法国学了高能物理，直到拿着双硕士学位回国，自带光环，十分耀眼。

本以为他在学术路上或者职场上必然会一帆风顺，成为众家长口中的"别人家的孩子"，可近来得知，他这几年过得非常不如意。

二

回国后，他先去了上海的一家科研机构工作，由于忍受不了论资排辈和人浮于事的现象，做了不到一年就离职，去了北京一家IT公司。他觉得这家公司还行，聪明人很多，也有大量的"海归"，平时大家也有共同语言，他做得很开心。可接下来的原始股认购没轮到他，于是他一怒之下辞职了。

后来他去了杭州，在一家初创企业工作，但是享受过大企业充足的预算和团队的支持，他根本无法适应小公司的琐碎。用他的话说，小公司没有格调和视野，只想着赚点钱，这样的企业没前途。可以想到，他再次辞职了。

他又去了香港打拼，在电讯盈科的子公司找到了一份还不错的工作。可这份工作他只做了一年左右。离职的原因是，他发现内地人在香港企业会受排挤，虽然大家嘴上不承认，但不代表没有这回事，中层职位都被香港本地人牢牢把持着,哪怕你能力再强,也没有机会晋升,他感到前途黯淡。

接下来他去了深圳,在一家独角兽公司做经理。但又因为跟高管合不来,觉得很多高管完全是"水货",外行指挥内行,内部管理一团糟,公司没有企业文化,属于看起来光鲜亮丽,内里早已烂透的一类。他忍了一年多后再次辞职,又回到了杭州。

后面的几年他自己创业过,去外企工作过,去民企干过,但没有一段工作可以坚持两年以上。用他自己的话说:"这世界上蠢货怎么那么多,找到能看得上眼又能共事的团队太难了。"

听了这些,我唏嘘不已。我没说出口的是,十几年兜兜转转,难道没有自己的问题?他太聪明了,什么都能看透,而且事事计较,反而难以找到自己想要的。

他一直习惯走捷径,而且总能找到抄近路的方法。这就导致他形成了思维定式,一碰到问题就想抄近路,想尽快达到目的。对所谓的积累和稳扎稳打,他没兴趣。

三

走捷径上瘾的人,往往不适应漫长的学习和打磨,对于按部就班的事情,他们是从骨子里反感的。体现在职场上就是他们难以忍受"奥德赛时期",想迅速成功,迅速上位,迅速赚钱。

所以他们一直在找好的机会,找风口,找高利润的行业,找能给自己带来高收入、高成长性的工作。对于苦活、脏活、累活,他们完全看不上。

这就是为什么许多天才少年年少成名、才智卓绝,却最终"泯然众人"。

我读中学的时候，新概念作文大赛火得一塌糊涂。全国无数的文学爱好者都尝试着投稿，展示自己的才华，希望能追到自己的文学梦。

那些年的确出现了不少令人惊艳的文章，哪怕到今天都是一等一的水准。每年都有无数的新人崭露头角，展示自己的文字功底和语言驾驭能力。

可这么多年过来了，可能除了韩寒、郭敬明等少数几位，其他人早已在时代的洪流中被大家遗忘。如果说新概念作文大赛是文学的一个风口，是年轻人对于当代作家的一次逆袭，那么逆袭过后，能够沉淀下来逐渐成名的，往往是那些拼命努力、不断锤炼和长期坚持的人。

他们最终成名，靠的不是某一篇惊艳的文章或是某一本畅销作品，而是长期的产出。这就是坚持的力量，通过长时间反复打磨获得复利，最终跑赢了大量有才华但昙花一现的年轻人。

写一篇好文章容易，写一本好书或许也不是太难，难的是长期坚持写作，不断输出，一本接一本地出版，从而逐渐形成自己的内容矩阵和江湖地位。绝大多数人是无法做到长期输出的，在成名和赚到钱以后就更难了。

四

无数的选手在综艺歌唱比赛中一战成名，但是最终能成为职业歌手，而且在歌坛长期占据一席之地的又有几人呢？大部分人在自己的本行业中没有做到坚持，一旦成名就迅速膨胀、跑综艺，而荒废了专业技能的提升。

接广告、上综艺节目当然可以，这也是营销和沉淀流量的手段，可如果迷恋于这些赚快钱的机会，从而弱化了自己的本职工作，那么过气的速度一定很快。因为比你年轻、颜值高、能力强、话题多的人会很快取代你。

一个歌手的核心竞争力是持续不断地产出高质量的作品，靠一两首歌成名，然后到处跑场赚钱，到处参加节目，看似风光，但背后的隐患就是根基不深。那一两首成名之曲迟早会过时，会被时代所淘汰。

很多人抓住了风口，但是大多数人并没有深挖，只是浮于表面，结果输给了那些底子薄但善于长期积累的人。

任何行业或领域，真正站在金字塔塔尖的人都是专注于自己的本行业，不断优化、学习，不断打磨自己，才把防火墙一路推高的。这些人看的不是眼前的利益，而是很多年后的成就，这是一个长期的过程。

赛道、风口固然重要，但是选对赛道、抢到风口的人，最终成功的又有多少呢？这其中还是遵循二八定律的。大多数人只能从中赚一波红利，但无法长期沉淀，无法长久获利。反而是那些没那么聪明、脑子没那么活、想法没那么多的人，选定了一个行业就踏踏实实沉淀和积累，长期专注和坚持，最后时间复利给自己带来了最大的收益。

五

我们在判断一个行业值不值得做、应不应该尝试的时候，首先要考虑两个问题。

第一，我对这个行业的兴趣有多大？

第二，我是否愿意长期扎根在这个行业？

如果两个答案都是肯定的，那就说明你可以日复一日、年复一年地专注和打磨、优化和迭代。不要担心池子小、赛道短，只要你愿意深挖，其实每个行业的天花板都很高。不要总想着走捷径，时间复利的价值远高于短期的风口和机遇所带来的价值。

司马迁说:"浴不必江海,要之去垢;马不如骐骥,要之善走。"

不断专注地做别人认为的傻事也许才是捷径,因为时间能成就不凡。

一切皆有可能

突然收到一条私信，有个人问我出版的那些书是自己写的，找枪手代笔的，还是抄袭的。这个人成为我的微信好友已两年多，但是我们从来没聊过，我都想不起他究竟是谁，又是什么原因添加了对方。

我随手回复，都是自己写的，不存在什么抄袭或代笔。

对方质疑我，表示不信，因为他有以下几个观点及分析结论。

第一，我的第一本书出版于2011年，那时我才二十七八岁，他认为我过于年轻，不具备出版财经类专业书的能力。

第二，我要工作，要录课，有无比庞大的阅读量，又要输出大量的文章，还要回复答疑，还写了八九本书，从时间上来看根本不可能，因为安排不过来。

第三，书的题材跨度太大，有工具书、外贸书、英语学习类读物，还有其他题材，内容差别太大，根本不像是同一个人完成的。

第四，每个人一天只有二十四小时，多线程工作只是一个美好的想法，他尝试过，发现根本做不到，很多事情需要利用大块的时间。更何况除了工作，还要照顾家庭，还要带孩子，等等。

综合以上四点，他断言，我的书很大概率是找枪手代笔的，这样我才能抽出时间投入外贸这个主业，然后顺便做在线课程。他除了认定我的书是别人代写的，还认为我的自媒体账号是助理运营的，答疑是助理回复的，社交软件是助理维护的，大量的自媒体文章也是助理执笔的。

真有那么强悍的助理吗？我也很想招一个。我没有在这个问题上与他纠缠，也没有嘲讽或詈骂，仅仅回复了他一句：Impossible is nothing（一切皆有可能），就把他拉黑了。

很多人喜欢用自己的眼光和经历，质疑别人的存在和行为。他跑不了马拉松，就觉得别人也不行；他无法坚持健身，就认为别人也做不到；他一年看不了三本书，就觉得别人一年看一百本书是吹牛；他写的书无人问津，就觉得别人的畅销书是炒作、是造假。

这就是思维定式带来的结果，根本没办法跟他解释，也无法说清楚。因为他不理解，就不会接受，不管你说什么，对方都会认为你在狡辩。

与其浪费时间解释、分析、证明，不如把宝贵的时间留给自己，做一些自己喜欢的、有价值的事情。

弱者，不去思考自己为什么弱，而总是怀疑别人为什么强。

一样米养百样人，每个人的情况都不同，这太正常了。批评别人容易，认清自己则难。

时刻警醒、重视差距、虚心学习、奋起直追、咬紧牙关默默积累，等待可以展示才华的机会出现，这才是我们应该做的。

这个世上没有什么不可能。你做不到的事情，不代表别人也做不到。

放狠话往往是低情商的表现

一

从南京禄口机场下飞机时已经是晚上十一点多,当我拖着沉重的行李到达酒店,时针已指向午夜十二点。那时的我满脸疲惫,只想立刻办完手续,回房间洗澡、睡觉,第二天还有繁重的工作,还有公开课需要准备。

不知道为什么,明明排在我前面办理入住手续的只有两个人,可十多分钟都没有办理完。我等得有些不耐烦,想去行政酒廊办手续,可在电梯口被拦了下来,说行政酒廊已经关门,现在只能在大堂办理入住。

我继续等,又等了十多分钟,那两位顾客的手续依然没有办完。当时只有一个柜台提供对外服务,其他柜台空无一人。前台工作人员非常磨蹭,我左等右等,已经超过了十二点半还没轮到我。即便如此,居然还有两个穿着酒店制服的员工站在柜台旁聊天说笑,根本无视我在排队,无视我的焦急等待。

我心里的不愉快到了极点,终于忍不住喊道:"难道没有人能给我办入住吗?我等了半个多小时了,你们就这样对待顾客吗?"

聊天的两位员工立刻停止闲聊,引导我至另一个柜台办理入住,用了不到五分钟就全部办完,把房卡给我了。我当时非常不满,随口抱怨道:"五分钟就可以完成的事情,你们让顾客在一旁等了半个多小时,而且还是凌晨,这是你们的服务意识吗？你们觉得合适吗？"

办理入住的先生一副满不在乎的样子，用官方的口吻回复道："抱歉，现在已经是午夜，我们酒店大堂只有一位前台对外服务。"虽然说着抱歉，但是从他脸上看不出任何抱歉的样子，好像浪费他的时间亲自给我办入住，是违反酒店规则的，是给了我天大的恩赐。

那一刻我还是强压着怒火和不满，心里想跟他说："我要找总部投诉你们！"但我最终什么都没说，也没当场发作，只是面无表情地拿着房卡离开了。

电梯一路上行，我心里就在盘算，我是直接找酒店方投诉，找酒店的中国区客服投诉，还是直接给美国总部写邮件投诉。可进房间洗澡过后，我瞬间冷静了下来。我觉得这是一件很无聊的事情，我可以投诉，这是我的权利，但是结果又如何呢？酒店方并没有严重的过失，最多算服务不够好，给我一个道歉又能怎么样？这家酒店我还是会经常入住，因为这是离米课南京总部最近的酒店，对我而言是最方便的。如果这次说了狠话，甚至大张旗鼓去投诉，那下次再碰到同一个人给我办理入住岂不是很尴尬？

突然间我有些庆幸，职场多年的历练让我可以很好地控制情绪。成年人的世界里只有面对问题和解决问题，没人会为你的情绪买单，也没人会为你的怒气感同身受。

既然如此，那么满腹牢骚、说一通狠话又有什么意义呢？无非是徒增笑柄而已。

二

写到"笑柄"这个词,我想起了很多年前参加著名企业家余世维先生的讲座时听到的一个案例。时隔多年,我已很难完整地回忆起他的原话,只能记一个大概。

他讲的是在某家大企业,部门经理对某位员工特别反感,觉得这个员工工作懒散,不够听话,不仅工作态度有问题,做事情也一塌糊涂。某一天经理忍无可忍,当着大家的面狠狠斥责了这位员工,并当场撂下狠话:"你等着,我明天就让你下岗!"

殊不知这位员工是公司某位高管的亲属,公司并没有如部门经理所愿,将这位员工辞退,反而安抚经理,不要跟这位员工一般见识。

接下来的日子里,只要经理到了办公室,这位员工就会捧着茶杯,当着大家的面走到经理面前念叨:"我怎么还没下岗,我怎么还没下岗,我什么时候才能下岗呢?"

经理说了句狠话,却执行不下去,这么一来,他在员工面前的威信何存?他以后如何保持良好的心态和状态继续带领团队?他又该如何面对这个自己炒不掉还每天"抬头不见低头见"的下属?他必然会成为公司里的笑柄,成为同事茶余饭后的谈资。我不知道这个故事的下文是什么,这个经理接下来会怎么做。设身处地考虑,若我是部门经理,那么我真的无颜留在公司,只能选择灰溜溜地离开。

无独有偶,我想起在香港公司工作的一次经历。在那次经历中,我上司给我好好上了一课,即在碰到困境时,不做无谓的嘴上争执,不说狠话,也不把问题搞砸,而是不动声色地把问题解决。这对于我后来的思维方式和处理问题的方法,起到了难以言喻的引领作用。我也明白了,哪怕一条路走不通,哪怕用尽了全力都无法打开局面,也不要恼羞成怒,而是要设法曲线救国。

三

当时一个美国大客户的家具组买手换人了,原先跟我们打交道多年的买手因为内部工作调动,转而负责运动类产品了。对方公司委派了一位意大利裔的美国人,负责户外家具的采购,跟我们对接。

不知道什么原因,这位先生对我们十分不友好,无论我如何认真应对,怎么写邮件跟进,怎么小心翼翼,他永远是冷处理——不回复。我打电话跟进,他也是寒暄一两句,打打官腔就挂了电话,事情从来没有实质性进展。

在我一筹莫展之际,打算给买手写一封措辞激烈的邮件,然后抄送他的同事和高管,这时我上司开始介入这个项目。

他先是跟对方的采购总监联系,回顾了过去多年的合作,并向对方介绍了我们当年的供应商和最新的系列选品,并提供了整理后的报价单和电子样本参考。

然后他又联系了对方公司负责库存管理和品质管理的相关人员,了解了过去订单的库存情况和预计下单时间,看看什么时候选品和洽谈细节最合适。

接下来他对接了对方的家具组设计总监,了解了当年的颜色、花型、面料和主题,需要我们这边如何打样、配合。

这样下来,对于整体的项目,我的上司心里已经有了大致的勾画,知道了该怎么做,心里也有了一定的方向。

这个时候他才主动联系那位不配合的买手。他先寄了一包不错的咖啡豆作为小礼物，只是为了可以跟他说得上话，为接下来的沟通做一个铺垫，然后通过视频会议与他沟通了项目的安排和进展。

那位买手一看，自己的上司和同事都跟我们交情不错，沟通也顺利，他若是继续冷处理，意义也不是太大，因为如果没有太好的理由换供应商，总部那边是无法通过的。再加上我方主动释放出善意，通过一包咖啡豆作为切入点，他也就"顺坡下驴"，回到了谈判桌。

四

我上司通过这种不动声色的处理方式，从对方身边的同事和上司入手，打通了关节，但是又不至于冷落那位买手而彻底把他得罪。

一系列组合拳打出去，看起来眼花缭乱，但是步步为营，一环扣一环，没有一句狠话，没有任何激烈的言辞，连争吵都没有，就顺顺利利把事情给解决了，这种手腕才是值得我们学习的。

后来我上司跟我说，放狠话其实代表你内心深处已经认输了，你觉得自己无计可施，只能通过说狠话挽回一点颜面。但是生意场上颜面毫无用处。大家需要的是解决问题，争取订单，帮公司取得利益，而不是出一口气。

我开始明白，职场不是小孩子过家家，许多人根本不会照顾你的情绪，也不会看你的脸色，不公平和矛盾都是再正常不过的事情。

我们都是成年人，要懂得克制，懂得谨言慎行，在不确定能把对方一下子打垮且令对方彻底翻不了身的情况下，不要随意说威胁的话，更不要做出任何会引起误会的举动。

不管身居何位，都要尽量少树敌，给自己多留一条后路。放狠话，除了说出口的那一刻过瘾，对工作、对生活都毫无帮助。

我想到了毛主席在《和柳亚子先生》一诗中的最后四句："牢骚太盛防肠断，风物长宜放眼量。莫道昆明池水浅，观鱼胜过富春江。"又想到了《论语·里仁》中的"君子欲讷于言而敏于行"。放狠话或许只是低情商的表现吧。

深入剖析"三思而后行"

一

"三思而后行"出自《论语·公冶长》，原文是："季文子三思而后行。子闻之，曰：'再，斯可矣。'"大意是，季文子做事总是反复思考而后行动。孔子听闻后说，要他思考两次，再借鉴以往的经验，就可以了。

"三思"的本意并不是"思考三次"，而是"思考多次"。我们做一个决定之前要多思考，而不要闷头往前冲，否则只会浪费大量的时间和心血。

在生意场上，大家对"三思而后行"这句话有不同的理解。很多人认为思考是必要的，但过度思考只会让人瞻前顾后，贻误战机。比如，创业这件事情，往往是很难做到万事俱备的，总有这样那样的困难挡在你的面前。如果考虑得太多，反而什么都做不了。等准备充分了，机会也早已错过。还不如边做边看，边处理麻烦边解决困难，或许还能闯出一片天地。

认真思考、分析问题后再行动，跟迅速把握市场脉搏，果断出击是两个概念，二者并不矛盾。

二

电视剧《大明王朝1566》中，东厂提督太监冯保得罪了他的上司——司礼监掌印太监吕芳。原因是，嘉靖三十九年，整个冬天没有下雪。看不到"瑞雪兆丰年"的迹象，民间认为是皇帝失德，受到了上天惩戒，因此谣言四起。再加上钦天监的含糊，皇帝被迫下"罪己诏"——"万方有罪，罪在朕躬"，心情极度郁闷。

到了正月十五，天降大雪，冯保看到后很开心，在没有得到上司允许的前提下擅自跑去给皇帝报祥瑞，这就犯了"越级"的大忌，于是把顶头上司吕芳给得罪了，同时也得罪了内阁。不论在官场还是商场，越级往往代表了破坏规则，容易引来一大堆麻烦。

冯保的行为并没有得到皇帝的嘉奖，他也没有因此而升官，反而因为得罪了上司和文官而被冷落，只能跪在雪地里求吕芳原谅。

吕芳对冯保讲了一段话："做官要三思！什么叫'三思'？'三思'就是'思危、思退、思变'！知道了危险能躲开危险，这叫'思危'；躲到人家都不再注意你的地方，这叫'思退'；退下来就有机会，再慢慢看、慢慢想自己以前哪儿错了，往后该怎么做，这叫'思变'！"

我觉得，用"思危、思退、思变"作为三思的补充和解释，这本身就是大智慧，对"三思而后行"这个抽象的行为做了进一步的量化，把相对虚无的东西变得实实在在。

三

做一件事情前，先想想风险在哪里，这就是"思危"。如果评估了风险等级，觉得自己能够控制，也可以承受，存在风险就不是太大的问题。未虑胜先虑败，别一门心思只看到眼前的利益，还要想想危险究竟有哪些、在哪里。

这一步完成后,还要考虑万一碰到最坏的结果,自己是否有退路,有没有 Plan B,这就是"思退"。比如,你对现有工作不满,不想干了,你的退路在哪里?你有一定的存款可以维持接下来的生活吗?有其他工作等着你吗?有更好的选择吗?如果什么都没有,那不妨考虑一下,裸辞也许是一个糟糕的决定。

此外,一旦碰到好机会,就要果断抓住,不要轻易错过,这就是"思变"。如今厂商给客户代工利润很低,开发新客户又很困难,这是现状。如果有一个客户愿意跟你深度合作,双方共同运营新品牌,打开一个全新市场,这对你而言就是新的机会,这次合作或许能促成公司的下一个增长点。如果风险可以承受,也有退路,那何乐而不为呢?

把"三思"做拆解,就相当于一种 SWOT 分析法[1],即做决策之前先深度思考,问自己三个问题。

(1)我们的风险是什么?

(2)我们的退路在何处?

(3)我们的机会怎么抓?

然后分析、比较自己的优势和特点,综合考虑市场情况,再根据同行的情况进行横向比较,这样往往就可以找到商业计划书的核心内容。

"宪先灵而齐轨,必三思以顾愆。"相比之下,英文的 think twice 大而化之,就有些相形见绌了。

---

[1] SWOT 分析法:一种企业战略分析方法,又称优劣势分析法、态势分析法。即将与研究对象密切相关的内部优势、劣势,外部的机会、威胁等,通过调查列举出来,并依照矩阵形式排列,然后用系统分析的思想,把各种因素相互匹配并加以分析,从中得出一系列相应的结论。其中,S(strengths)是优势,W(weaknesses)是劣势,O(opportunities)是机会,T(threats)是威胁。

跟"职场巨婴"说再见

一

我有一个朋友是三个孩子的母亲,她的故事非常励志。她经营着自己的外贸生意,还在当地投资了一家超市。她注册的用户名非常有意思,就是"三宝妈",一听就知道她是十分自立的女性形象。

某天她在社交软件上更新了一条动态,内容我特地摘录了下来。

前段时间,一位顾客介绍了他的邻居来店里应聘,这位邻居一进门我就愣住了。38岁的大男人,居然是由老母亲陪同来面试的。当我们谈到工作内容时,那位老母亲时不时插上几句:"还要搞卫生的啊?拿抹布随便擦一下就行了,能有多脏。""先试做一段时间嘛,行就做,不行就不做"……

难怪38岁还没结婚,这妈管得也太宽泛了。我们的店岂是别人想来试就能试的,岂能容外人指手画脚,由外人干涉我们的工作内容。

尽管那男的后来单独找我们谈了一次,表达了想在这里工作的意愿,但我们最终还是果断地将他Pass了,千万不要招惹不该招惹的人。

我庆幸这位朋友没有心软,给自己减少了许多可能存在的后患。我给她的回复是:"Mommy Boy不能招,千万要远离,更何况还是38岁的老妈宝男。"

想到我做第一份工作时候的一件事。公司招聘过一位司机,40岁左右。其实对于司机来说,这个年龄很正常,人事部门的同事也没有想太多,就直接通知他来面试了。

结果他来的时候居然是妈妈陪同,大家都很吃惊。但是老太太特别会做人,带着亲手做的糕点分给同事们吃。她说自己正好做了糕点,儿子要过来面试,她就带来分给大家一起吃,让大家尝尝她的手艺。

老太太还一直强调,不用给她面子,录不录用都不要紧,她没有指望用糕点来贿赂面试官,让大家不用理会她。

人事经理对老太太印象不错,她儿子给人感觉也很憨厚、实在,以前开过货车,是老驾驶员,后来一直在企业里给领导开车。只是原来的工厂倒闭了,他才会在这个年纪面临失业,要重新找工作。

司机这个职位也不需要太高的学历,只要他为人踏实正派,车技过关,其他没什么大问题。既然如此,人事经理就当场拍板,跟他签约了。

人事经理也没想到,这个仓促的决定为日后的工作埋下了隐患。

二

一周后这位司机入职了,一改面试时的憨厚老实,工作变得懒散拖拉,还用无数谎言和借口为自己的消极怠工找理由。

有一次,老板要求他晚上去萧山机场接客户,他说妈妈胃不舒服住院了,下班后要去医院照顾。这是人之常情,老板只能安排业务员自己开车去接客户。可是好巧不巧,几位同事晚上出去聚餐,正好碰到这位司机跟老太太在同一家店吃火锅,吃得大汗淋漓,根本不是胃不舒服刚出院的样子。

还有一次,公司安排他第二天上午八点去酒店接一位美国客户,并强调务必准时。他前一天还答应得好好的,届时又玩消失。业务员在客户入住的酒店左等右等都等不来人，电话没人接，短信不回复，只能选择打车。结果这个司机当天一整天没来上班，谁也联系不上。到了下午的时候，老太太主动打电话到公司找人事部门请假，理由是，家里亲戚来了，她让儿子去接亲戚了，请公司领导理解。

类似的事情一而再，再而三地上演，每次都是老太太打电话请假。甚至不能说是请假，而仅仅是"告知"。几次之后，人事经理忍无可忍，要求跟这个司机解除合同。

结果老太太不干了，天天来公司闹，而且在写字楼里举着牌子，在过往路人面前抗议：无良老板随意要求加班，不支付加班工资，休息时间随时打扰员工和安排工作，公司不人性化，等等。还说过去的地主都没有这样剥削长工的。

她反复说，她儿子只要稍有做得不到位的地方，就被同事大声呵斥；只要没接到公司打来的电话，就要挨领导骂，如今居然还要被炒鱿鱼。她儿子已经患上了抑郁症，精神受到严重创伤……

而她儿子呢？继续玩消失，人不出现，电话不接，短信不回。

这个事情拖下去没有意义，老板决定立刻止损，于是跟老太太面谈，给足了对方礼遇和面子，然后补偿了她儿子整整五个月的工资，这才换来对方主动递交辞职报告。

三

我想特别强调的是，这期间所有的手续，包括劳动协议的解除，一切谈判往来都是老太太出面搞定的。她儿子都快四十岁了，居然还跟小孩子一样，躲起来让妈妈出面处理各种问题,我真不知道该如何评论。

也许有人会说,妈宝男有一个共同的特质,就是有一个十分强势的母亲,并喜欢干涉和管束孩子的一切。在这样的原生家庭里,妈宝男自己也很痛苦,他们也不想这样。

但我的理解不同。我一直坚定地认为,成年人就需要为自己的决定负责,为自己的人生负责。不管是工作、交友、结婚,还是兴趣爱好,既然已经是成年人,就要彻底放弃依赖性。

不希望母亲过多干涉,方法有很多种,如做到经济独立、搬出去住,或者尝试跟母亲推心置腹地谈一次,表达自己的观点和想法,包括自己对将来的计划等。

所有人在母亲眼里,哪怕年纪再大,都是小孩子。也许母亲并不想管束孩子,只是不放心而已。如果你认真表达了自己的观点,告诉母亲你想独立面对和解决问题,并且证明了自己的确可以处理好问题,并不需要母亲参与,那么久而久之,她也会认可你的存在和价值,并会慢慢放手。

特别强势、不容许孩子有任何唱反调的行为,这样的母亲并不是没有,但绝对是极少数。谁不希望自己的孩子独立并成材呢?哪怕我们不是那块料,但在母亲眼里,我们也都是最棒的。

精神上断奶,拒绝做巨婴,才是我们进入职场的第一道门槛。如果这一步你都无法跨过,那么你的职业生涯或许真的会一片灰暗。

四

我记得自己读书的时候,也有很强的依赖性,总是希望有人能告诉我要学哪些内容，要准备哪些东西，如何报名参加相关的考试，如何提升需要的技能。

当时寝室里有位室友，信息特别灵通。比如，要考报关员资格证啦，要参加商务英语考试啦，他都能第一时间获知相关的信息；去哪里买教材和教辅，去哪里报名，去哪里参加培训讲座，以及如何安排时间，他都可以处理得井井有条。

那个时候的信息流通远不如今天发达，现在需要什么资料和信息，网上一搜索就可以找到，而那时各种信息和资料都需要花费大量时间去寻找、对比，需要从老师和学长那里取经，再自己总结，这样才能得到比较靠谱的内容。

我当时就特别依赖那位室友，总希望他把事情都替我办好，希望他把现成的资料归纳、梳理好，我只需要直接去做就行，多容易！

后来我慢慢发现，这种依赖像吸鸦片一样，让我上瘾且让我习惯了偷懒。当这种行为不断增强，当偷懒变成了习惯，我就等于成了半个废人。

人都有依赖性，因为面对不可知的未来，面对自己没经历过的事情时，大家都会感到恐惧，都会觉得不自在。可难道有人天生就懂吗？有人莫名其妙就能成为百事通吗？自然不能。人家也有学习的过程，也有试错的阶段，然后才逐渐进步，才有了今天的能力。

被动也好，主动也罢，我们都需要戒掉那个无形的奶瓶，真正站起来。

《史记·李斯列传》中有一句名言："慈母有败子，而严家无格虏。"

尊重不是别人给的，而是自己挣来的。我们都要远离巨婴，不管是别人还是自己。

因为克制而迷人

陈道明先生是我最喜欢的男演员,谦谦君子,棱角分明,不浮夸,不张扬,懂节制,是娱乐圈的一股清流,留下的角色和作品都是经典。

他说过这样一番话:"我觉得做人的最高境界是节制,而不是释放,所以我享受这种节制,我觉得这是人生最大的享受。释放很容易,物质的释放、精神的释放都很容易,但是难的是节制。"

这句话充满大智慧,说尽了人生哲理。当我们一无所有的时候,或许懂得谦卑,心怀感恩,或许低调行事,沉默隐忍,但一旦得志,功成名就之后呢?还能保持原来的形象吗?是保持初心,还是变成了曾经自己都讨厌的那个人?

失意时知道努力,期待有朝一日可以成功。可得意的时候,就开始无节制地放纵自己的欲望,变得丑恶,变得无趣,直到翻车为止。

这里的问题是什么?不是压抑太久了,一朝释放后变得疯狂,而是没有控制好"度",能放而不能收,把所有的自律都扔在了一旁。最后,只能让自己一路下滑。

一

我初中时的一个学霸同学,学习非常用心,也足够拼命。父亲是当地的电力局高层,母亲是银行的高管,对他的教育十分上心,管束也很严格。那时候，我们要出去打个球什么的，每次叫他，他都不出来，因为有家教要上，有作业要做，有吉他要练……

高考的时候，他果然不负众望，考入上海前三的名校，还拿到了一笔不菲的奖学金。可没过两年，就听到了他退学和复读的消息。原来一进大学，没了家长的管束，他彻底放飞自我，开始没日没夜地打游戏，持续性逃课，考试挂科一门接一门。

学校给了他重修的机会，但他没努力几天就故态复萌，两年下来没几门课能够及格。最后学校无奈，直接给予开除处理。他只能中断大学学业，重新回去上一年复读班，第二年继续参加高考。

幸亏他底子不差，进入复读班，重新回到父母的严厉约束下，又一次考了高分，去了上海另一所高校。但这个时候，他大一，而我们这批同龄的兄弟，已经开始读大四了。

兜兜转转三年，因为无法克制自己的欲望，飞得越高，反而摔得越惨。

二

美国船王哈利曾经跟儿子说："等你23岁的时候，我就将公司交给你来打理。"所以哈利的儿子从小就知道，自己含着金汤匙出生，不需要多努力，多拼命，自然有父亲打下的商业帝国等着自己去继承。

到了儿子23岁生日那天，哈利带着他去赌场玩。赌场的五光十色、纸醉金迷，极大地冲击了这位年轻人的心灵，他开始幻想自己一掷千金的风范。哈利给了儿子2000美元，反复叮嘱他，不要输光，要留下500美元。儿子自信地点了点头，拍着胸脯说保证能做到。

然而只一会儿时间，他就把父亲的话抛到了脑后，下场一搏杀，几次下注后，输得一文不剩。哈利安慰儿子，不要紧，改天可以再去玩，但是本钱不给你，你要自己学会挣钱。

儿子选择了打工，挣到了700美元，然后带着这笔钱，又踌躇满志地进了赌场。他给自己定下规矩，不能输光，最多只能输一半。可结果在赌桌上杀红了眼，钱再次输得精光。

等他再次靠打工挣了点钱，第三次进赌场的时候，这次跟前两次没什么差别，还是一个字，输！但是他这次控制住了自己，当钱输掉一半时，他毅然决然收手，离开了赌场。虽然输了钱，但在心里，他反而有了成功的感觉，他感到可以克制自己的欲望，是可以做到自律的。

后来他再去赌场时，心态已然变得不同。他可以从容地下注，游刃有余地把输赢都控制在10%左右，哪怕赚钱的时候，他都可以果断停下而离场。

哈利欣慰之余，正式任命儿子接班，掌管他的事业。儿子很诧异，便问：我还没来公司实习呢，对业务和各个部门的运作都不熟悉，是不是太快了？

哈利却说，业务是小事，世上多少人的失败，不是因为业务不行，而是无法克制自己的情绪和欲望。

三

写到这里，我突然想到一个成语，叫"欲壑难填"。谁不喜欢享受？谁不想得到梦寐以求的一切？

但欲望本无止境，如果无法自我克制，只能在不断追逐和释放欲望中迷失。

刚入行的时候，工资只有几千元，理想是未来可以有一万元月薪，可以上下班打车,能做到这些就爽死了。

几年后月薪破万,也没爽死,反而无比忧愁,因为缺这个、缺那个,因为别人收入更高,别人有房有车,这时候就奢望年入百万,这样才可以过得舒服,甚至可以实现财务自由。

又是很多年过去,这个小目标已经实现,但自己开心吗?一点都没有,越是释放压力,不断买买买,内心就越空虚,就越渴望得到更多的东西。

这是一种病态,因为无所克制,自信的背后其实充满了自卑和焦虑;因为欲望的沟壑越来越深,需要更多的东西才能填满,因此欲望等级也会继续攀升。

如何改变?或许就要通过陈道明先生所身体力行的节制,或者说是克制。通过节制和自律,来保持自己最好的状态。真正的成功不需要外物的烘托,而在于内在的心态和气度。

孔子说:"克己复礼。"

美国作家 Zig Ziglar 说:"性格能够触发我们改变的决心,承诺使我们付诸行动,而自制力使我们坚持不懈。"

或许成功的人生,就是在任何阶段,都能保持克制,用最好的状态去经营自己的工作和生活。无关于经济收入,无关于名望地位。

举止有尺,欲望有度。

因为克制而迷人,这就是最好的自己吧。